基礎工程數學(第三版)

曾彥魁　編著

U0059892

全華圖書股份有限公司

序

　　工程數學是工程科學領域中最重要也是最基本的科目，許多學習者自認為數學基礎不好，把研讀工程數學視為苦差事，不想去讀又不得不讀。作者在講授工程數學這幾年間，發覺只要學生補強某些數學主題，並透過結構性的內容規劃，把各個單元的基本原理用口語化的方式表達清楚，再配以由淺入深的例題演算，就可以驅除學習者的恐懼感，並得到良好的學習成效。

　　作者曾於工業界服務超過十五年，深知在一般工作場所中並不會直接用到數學，然而，許多較高階或精密工業領域中，數學基礎能力的重要性就顯現出來了。工業等級與技術層次的提升、競爭力的增強是現階段許多先進國家努力的目標，目標訂得越高，所需要的人才數理能力就需越強，因此，引導學生對數學產生興趣並認真研讀是教育的重要課題。

　　依大專院校每學期十八週之行事曆，扣除期中考與期末考兩週，作者特別將教材編解成十六個單元，每週有一個研習主題，只要按部就班完成所有單元的內容學習，必然就會擁有堅強而踏實的工程數學基礎，對往後電學、力學、自動控制學、機構學、熱傳學、流體力學等課程的學習大有助益。

　　本書系作者因應教學需要所重編之教材，並在校內試用多年，內容難易適中，除了特別重視定義與觀念闡明以外，更輔以明確圖示和易懂的練習題，能使學生在學習時產生興趣與信心，達到有效學習的目的。另本書雖經多次校稿，但疏漏與錯誤仍在所難免，各位學界先進或使用本書之學子倘有發現，還請包涵並不吝予以指正，感謝！

曾彥魁　謹識

目錄

CONTENTS

CONTENTS

CONTENTS

CONTENTS

第十六講　複變分析(二)

01

工程數學的基礎

本章大綱

一、指數與指數函數

二、對數與對數函數

三、微分的定義與應用

四、積分的定義與應用

學習重點

本章針對工程數學中常會用到的基礎數學如指數、指數函數、對數、對數函數以及微分與積分等加以介紹，其中尤以自然底指數和對數，以及它們的函數在微分和積分運算時的種種性質最為重要。學習完本章並融會貫通後對工程數學的學習成效將會有很大的助益。

數學是一門普通而又實用的學科，每一個人在成長過程的日常生活中都與它脫離不了關係，甚至是密不可分。在數學的學習歷程上，很多人曾經有過不愉快的經驗，甚至對它感到害怕，想逃避它。其實，數學是很有趣的學科，只要用對了方法，了解了它真實的涵義，就可以重拾信心，甚至對它產生興趣。

工程數學顧名思義，是在探討工程領域中所需運用到的數學方法。**既然是要用來解決工程問題，工程數學的每一個主題背後都會有其物理意義存在，必須加以了解才能增加學習的成效。**

在進入工程數學各個主題前，基礎的數學方法必須加以了解才能事半功倍，本章將針對指數、對數、三角函數、微分和積分等，常會用到的數學基礎加以複習，以增加後續的學習效果。

一　指數與指數函數

指數在數學的應用中極為普遍，定義與運算方法如下：

A. 指數

設 a 為一非零實數，n 為一正整數，則 a 自乘 n 次所得到的積可以用 a^n 表示，亦即 $a \times a \times \cdots a = a^n$，此處 a^n 就是指數的基本型式，其中 a 稱為底數，n 稱為指數。

指數有幾個主要性質，設有非零的正實數 a、b，以及正整數 m、n，則下列各關係式成立。

1. $a^m \times a^n = a^{m+n}$

2. $(a^m)^n = a^{mn}$

3. $(ab)^n = a^n \times b^n$

4. $(\dfrac{a}{b})^n = \dfrac{a^n}{b^n}$

5. $(\dfrac{a^m}{a^n}) = a^{m-n}$

6. $(\dfrac{a^m}{a^m}) = a^{m-m} = a^0 = 1$

7. $a^{-n} = \dfrac{1}{a^n}$

8. $a^{\frac{1}{n}} = \sqrt[n]{a}$

9. $a^{\frac{m}{n}} = \sqrt[n]{a^m}$

B. 指數函數

如果指數的基本型式中，指數不是一個整數 n，而是任意實數 x，則 $f(x) = a^x$ 稱為以 a 為底的指數函數。若 a 為一正數且 $a \neq 1$，則指數函數有下列性質

1. $f(x) = a^x > 0$

2. 設 $x_2 > x_1$，$f(x_2) = a^{x_2}$，$f(x_1) = a^{x_1}$，則當 $a > 1$ 時 $f(x_2) > f(x_1)$，當 $a < 1$ 時 $f(x_2) < f(x_1)$

3. 若 x_1 和 x_2 為任意數，則
$$f(x_1 + x_2) = a^{x_1 + x_2} = a^{x_1} \cdot a^{x_2} = f(x_1)f(x_2)$$

指數函數的物理意義為何呢？我們都聽過國王要獎賞大臣的寓言，大臣請國王在棋盤上放米當他的獎品，第一格放一粒，第二格放二粒，第三格放四粒，以此倍增，國王沒有請人算算看，不知道要放滿 64 格棋盤的米是多少？

以上的問題可以用指數函數來表示，也就是第 x 格的米粒數 $f(x) = 2^{x-1}$，因此第 64 格需放米粒數為 $f(64) = 2^{63}$，約為 9.22×10^{18} 粒，如以 100 粒米 1 公克計，大約是 922 億公噸，是個天文數字。在 x–y 平面上把指數函數畫出來，如圖 1-1。

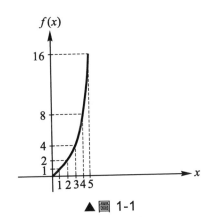

▲圖 1-1

指數函數的其他例子如細菌的分裂，如果每秒分裂一次，則第 x 秒的細菌數為 $f(x) = 2^x$，如果這個細菌比較奇特，每秒分裂一次，每次分裂成三個，則指數函數為 $f(x) = 3^x$，需注意的是，**上述例子中橫坐標即棋盤的格子數和時間秒數 x 都是一個一個不連續的點，因此 $f(x)$ 也是不連續的點，稱為不連續函數，如果 x 是連續的，則 $f(x)$ 也會是連續函數。**

● 例題 **1-1**

郭董要嫁女兒，女兒的嫁妝有兩種選擇，一是郭董每天給女兒 100 萬元，連續一個月；另一是郭董第一天給女兒 1 元，第二天 2 元，第三天 4 元，以此倍增類推至一個月為止，請問選擇那一個方案較有利？

解 (1) 第一種方案，S = 100 萬元/天×30 天 = 3,000 萬元

(2) 第二種方案 $f(x) = 2^{x-1}$ 元

當 $x = 1$，$f(x) = 1$ 元

$x = 2$，$f(x) = 2$ 元

⋮

$x = 25$，$f(x) = 16,777,216$ 元

$x = 26$，$f(x) = 33,554,432$ 元

$x = 30$，$f(x) = 536,870,912$ 元

第 26 天，一天就比第一種方案 30 天的總數還要多，故選第二種方案較有利

● 例題 **1-2**

有 A、B 兩個國家，於 2000～2010 年之人口數可以分別用指數函數估算如下：（單位：百萬人）

A 國：$P_A = 23.21(0.993)^t$

B 國：$P_B = 17.76(1.012)^t$

試問於 2030 年，哪一國有較多的人口？

解 於 2030 年，兩國人口分別為

$P_A = 23.21(0.993)^{20} = 20.1679$（百萬人）

$P_B = 17.76(1.012)^{20} = 22.5452$（百萬人）

故於 2030 年，B 國人口多於 A 國

C. 自然指數函數

　　前述指數函數是以任意正數 a 爲底，而在實際應用中有一特殊的無理數也常被拿來當作底數，那就是自然底數 e，記爲 $e^x = b$，e 的近似值爲 $e \approx 2.718281808$，這個奇怪的無理數和圓周率 $\pi \approx 3.141615962$ 一樣，帶有一點神祕色彩但卻又和我們密不可分。

　　圓周率 π 的物理意義容易了解，是圓周 S 和其直徑 D 之間的比值，任何不同直徑的圓，它的圓周和直徑的比值一定相同，都是 π，關係式可以寫爲 $\dfrac{S}{D} = \pi$ 或 $S = \pi D$。至於 e 呢？據考證是來自於存款時複利計算而得到的，後來更發現它和自然界中的許多現象、狀態、定理有著密不可分的關係。

　　當一個人把數目爲 P 的錢存在銀行，銀行會給利率 r，如果以複利計算，經過 t 年後本利和 S 爲

$$S = P(1 + r)^t$$

如果把每年爲週期改爲每半年爲週期，則利率減半，期數加倍，亦即

$$S = P(1 + \frac{r}{2})^{2t}$$

如果將週期變得更短，一年 n 期，則

$$S = P(1 + \frac{r}{n})^{nt}$$

從觀察中可以得知 n 越大則 S 越大。爲了簡化起見，假設 $P = 1$ 元，r 爲 100%，t 爲 1 年，則 $S = (1 + \dfrac{1}{n})^n$

　　當 n 越大時 S 也越大，但計算時卻發現當 n 大到一定程度時，S 卻幾乎不再增加。

n	1	10	10^2	10^3	10^4	10^5	10^6	10^7
S	2	2.59374	2.70481	2.71692	2.71815	2.71827	2.71828	2.71828

　　由上可知，如果 n 不斷增大，S 不會無限制增大，極限爲 2.71828，此數被稱爲自然指數的底 e。

● 例題 **1-3**

試畫出前述 $S = (1+\dfrac{1}{n})^n$ 複利存款本利和與期數 n 之關係圖。

 將 n 分別以 1，10，10^2，10^3，10^4，10^5，代入求 S

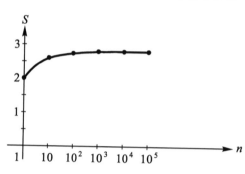

● 例題 **1-4**

試畫出 $f(x) = e^x$ 的圖形。

x	-3	-2	-1	0	1	2	3
$f(x)$	0.056	0.135	0.368	1	2.718	7.389	20.086

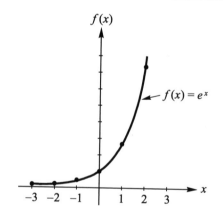

練習題

1. 若 $(3.6)^a = (8.8)^b = 100$，求 $\dfrac{a}{b} = ?$

2. 若 $15^a = 300$，$225^b = 300$，求 $\dfrac{a}{b} = ?$

3. 銀行 A 的存款年利率為 6%，半年計息一次，銀行 B 的存款年利率為 6.6%，一年計息一次，某人欲將 100 萬元存入 5 年，採複利計算，存在那家銀行較有利？

4. 上題中，若存款 10 年後存在 A 銀行會變得較有利，則 A 銀行的最低年利率為多少？

5. 試畫出下列各函數圖形：

(1)　$y = 3^{|x|}$

(2)　$y = x^2$

(3)　$y = (\dfrac{1}{2})^x$

二 對數與對數函數

A. 對數

前述的指數函數 $f(x) = a^x$ 中，若 $f(x)$ 為一個正數 y，則寫為 $a^x = y$，此時可以說 x 為以 a 為底，眞數為 y 的對數，一般記做

$$x = \log_a y$$

對數中若底數 a 為 10，可以簡寫為

$$x = \log_{10} y = \log y$$

B. 自然對數

指數函數**若以自然指數 e 為底，y 為眞數，即** $e^x = y$（有時寫為 $\exp x = y$），則 $x = \log_e y$，**可簡寫為** $x = \ln y$。

C. 對數函數

指數函數和對數函數互為反函數，亦即若 $f(x) = e^x$，$g(x) = \ln x$，則 $f(x)$ 和 $g(x)$**互為反函數，記為** $f(x) = g^{-1}(x)$**或** $g(x) = f^{-1}(x)$，以自然指數和自然對數為例做比較，可得

指數型式	$e^0 = 1$	$e^1 = e$	$e^{-1} = \dfrac{1}{e}$	$e^2 = 7.398$
對數型式	$\ln 1 = 0$	$\ln e = 1$	$\ln \dfrac{1}{e} = -1$	$\ln 7.398 = 2$

● 例題 1-5

試畫出 $f(x) = e^x$ 和 $g(x) = \ln x$ 之圖形。

解 將 x 分別以 -3，-2，-1，0，1，2，3 代入可得圖形，
$f(x)$ 和 $g(x)$ 分別對稱於 $x = y$ 直線

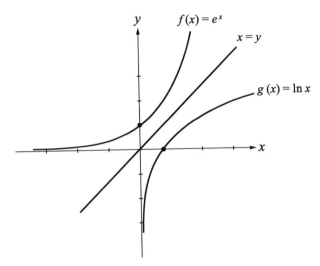

自然指數和自然對數常見之性質如下：

1. $f(f^{-1}(x)) = x$，$f^{-1}(f(x)) = x$

2. $\ln e^x = x$，$e^{\ln x} = x$

3. $\ln e^{3x} = 3x$，$e^{\ln 3x} = 3x$

4. $\ln xy = \ln x + \ln y$

5. $\ln \dfrac{x}{y} = \ln x - \ln y$

6. $\ln x^n = n \ln x$

　　當方程式中含有指數或對數之項次時，即稱為指數方程式或對數方程式，運用前述定義或性質可以求得解答。

● 例題 **1-6**

有一壓力容器，內部壓力 P_o 為 300 psi，若打開閥門釋放壓力，得容器內部壓力與時間之關係式為 $P(t) = P_o\exp(-0.01t)$，試求 1 分鐘以後容器內部壓力？（t 單位為秒）

解 $t = 60$

$P(t) = 300\exp(-0.01 \times 60) = 300(0.5488) = 164.64$（psi）

練習題

1. 若 $\log_3 9 = a$，$\log_5 25 = b$，求 $\dfrac{a}{b} = ?$

2. 若 $\log_3 a = \log_5 b = 100$，求 $\dfrac{a}{b} = ?$

3. 試畫出函數 $y = 3 + \log_3 x$ 之圖形。

4. 試求方程式 $\log_3 (x + 2) + \log_3 x = 5$ 的解。

5. 試求下列各式之解：

   (1) $3e^x = 12$

   (2) $3(1 + e^{-2x}) = 9$

   (3) $1 - e^{-0.2x} = 0.6$

   (4) $e^{2x-3} = 6$

三 微分的定義與應用

A. 微分的定義

微分主要是在研究函數的變化量，通常採用一種無限小量來運算某一個商數，此種數學方法又稱爲「導數」。

對兩個狀態間的差異，若爲非無限小量，使用Δ爲運算符號，若爲無限小量，則使用 d 爲運算符號。以物體位置隨時間變動而變化爲例。

1. 如圖 1-2，直線上 A、B 兩點間的距離（或稱位移），非無限小量時爲Δx，無限小量時爲 dx，兩個時刻之間的時間差則分別爲Δt 和 dt。

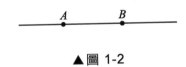

▲圖 1-2

2. 直線運動的物體在兩個時刻間的不同點上，可以利用位移Δx 和時間差Δt 的商數來定義平均速度，速度 $= \dfrac{位移}{時間差}$，記爲 $V = \dfrac{\Delta x}{\Delta t}$。

3. 如果在無限小的時間 dt 移動了無限小的位移 dx，速度 $V = \dfrac{dx}{dt}$，因時間爲無限小，故也稱爲瞬時速度。

B. 常用之微分公式

1. 對指數微分
   對物理量 x 的指數如 x^n 微分時，依定義爲

   $$\frac{d(x^n)}{dx} = nx^{n-1}$$

● 例題 **1-7**

試求下列各指數之微分：

(1) x^3　(2) x^{3n}　(3) $2x^3$　(4) ax^n　(5) $\dfrac{1}{x}$

解 (1) $\dfrac{d(x^3)}{dx} = 3x^2$

(2) $\dfrac{d(x^{3n})}{dx} = 3nx^{3n-1}$

(3) $\dfrac{d(2x^3)}{dx} = \dfrac{2d(x^3)}{dx} = 2(3)x^2 = 6x^2$

(4) $\dfrac{d(ax^n)}{dx} = \dfrac{ad(x^n)}{dx} = anx^{n-1}$

(5) $\dfrac{d(\frac{1}{x})}{dx} = \dfrac{d(x^{-1})}{dx} = (-1)x^{-1-1} = -x^{-2}$

2. 對函數微分

設物理量 x 為另一個物理量 t 的函數，記為 $x = f(t)$，意思是 x 會隨著 t 而變化，則 x 對 t 的微分為

$$x' = \frac{dx}{dt} = \frac{df(t)}{dt} = f'(t)$$

● 例題 **1-8**

若物體在直線上的位置 x 是時間的函數，$x = f(t) = 5t^3 + t - 1$，則在 $t = 1$ 時物體的速度為何？

解 速度 $V = x' = \dfrac{dx}{dt} = \dfrac{df(t)}{dt} = 15t^2 + 1$，當 $t = 1$ 時，$V = 15(1^2) + 1 = 16$

（單位依題目所給的加上去，若 x 之單位為 m，t 之單位為 sec，則 V 的單位為 m/sec，其餘類推。）

若函數為 $f^n(x)$，則

$$\frac{d(f^n(x))}{dx} = nf^{n-1}(x)\frac{df(x)}{dx} = nf^{n-1}(x)f'(x)$$

● 例題 1-9

試求出 $(x^3 + 3)^2$ 對 x 之微分。

解　令 $g(x) = x^3 + 3$，則 $(x^3 + 3)^2 = g^2(x)$

$$\frac{dg^2(x)}{dx} = 2g^{2-1}(x)\frac{dg(x)}{dx} = 2g(x)g'(x) = 2(x^3 + 3)(3x^2) = 6x^2(x^3 + 3)$$
$$= 6x^5 + 18x^2$$

如果物體運動的軌跡不是直線而是曲線時，將其畫在直角坐標軸的平面上，可以清楚看出，在某一點上對曲線的微分表示該曲線在該點位置上的斜率。若有 A、B 兩點，如圖 1-3，則線段 AB 的斜率 $m = \dfrac{\Delta y}{\Delta t}$。

若 Δt 很小，Δy 也很小，則 A、B 兩點可視為同一點，則在該點之斜率 $m = \dfrac{dy}{dt}$，方向為 A 點的切線方向上，如圖 1-4。

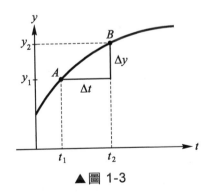

▲圖 1-3

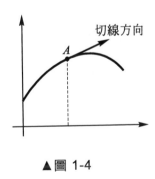

▲圖 1-4

若 $g(t)$ 為位置函數，則 $\dfrac{dg(t)}{dt} = g'(t)$ 可稱為斜率函數。

在物體的運動中，若 $g(t)$ 為位置函數，則 $g'(t)$ 斜率函數就是物體運動的速度函數了，更進一步說，如果 $g(t)$ 為速度函數，則 $g'(t)$ 就變成加速度函數了。

● 例題 **1-10**

物體運動的位移函數為 $S(t) = 4t^3 - t^2 + 6$，求

(1) $t = 3\sec$ 時之速度與加速度？

(2) 何時物體沒有速度？

(3) 何時物體沒有加速度？

解 對位移函數微一次分得速度函數，微兩次分得加速度函數，則

$V(t) = S'(t) = 12t^2 - 2t$

$a(t) = V'(t) = S''(t) = 24t - 2$

(1) 當 $t = 3$ 時，

　　$V = 12(3)^2 - 2(3) = 102$（m/s）

　　$a = 24(3) - 2 = 70$（m/s^2）

(2) $V = 0$ 則 $12t^2 - 2t = 2t(6t - 1) = 0$

　　得 $t = 0$（sec）或 $6t - 1 = 0$，$t = \dfrac{1}{6}$（sec）

(3) $a = 0$ 則 $24t - 2 = 0$，得 $t = \dfrac{1}{12}$（sec）

C. 二函數 f、g 有相同之定義域，且在某一點 x 可以被微分，以下性質必定存在。

1. $(f + g)' = f' + g'$

2. $(f - g)' = f' - g'$

3. $\boldsymbol{(fg)' = f'g + fg'}$

4. $\boldsymbol{(f / g)'} = (fg^{-1})' = f'g^{-1} + f(g^{-1})' = f'g^{-1} + f(-1)g^{-2}g'$

　　　$= f'g^{-1} - fg'g^{-2} = \boldsymbol{(f'g - fg')g^{-2}}$

D. 三角函數微分

如圖 1-5，在直角三角形中，三角函數的定義為

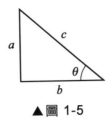

▲圖 1-5

$$\sin\theta = \frac{a}{c} \quad , \quad \cos\theta = \frac{b}{c}$$

$$\tan\theta = \frac{\sin\theta}{\cos\theta} = \frac{a}{b}$$

而夾角 $\theta = \sin^{-1}(\frac{a}{c})$ ， $\theta = \cos^{-1}(\frac{b}{c})$ ， $\theta = \tan^{-1}(\frac{a}{b})$

$\sin$ 和 $\sin^{-1}$，$\cos$ 和 $\cos^{-1}$，$\tan$ 和 $\tan^{-1}$ 互為反函數，常見微分如下。

1.　$\dfrac{d\sin\theta}{d\theta} = \cos\theta$

2.　$\dfrac{d\cos\theta}{d\theta} = -\sin\theta$

若 θ 為變數，為 t 的函數即 $\theta(t)$，則

3.　$\dfrac{d\sin\theta}{dt} = \cos\theta \cdot \dfrac{d\theta}{dt} = (\cos\theta)\theta'$

4.　$\dfrac{d\cos\theta}{dt} = -\sin\theta \cdot \dfrac{d\theta}{dt} = (-\sin\theta)\theta'$

● 例題 **1-11**

試求下列函數對 θ 之微分？

(1) $f(\theta) = 2\sin\theta + (\cos\theta)^2$　　(2) $f(\theta) = \sin\theta\cos\theta$

解 (1) $f'(\theta) = 2\dfrac{d\sin\theta}{d\theta} + \dfrac{d(\cos\theta)^2}{d\theta}$

$\qquad = 2\cos\theta + 2\cos\theta(-\sin\theta)$

$\qquad = 2\cos\theta(1 - \sin\theta)$

(2) $f'(\theta) = \dfrac{d(\sin\theta\cos\theta)}{d\theta} = \cos\theta\dfrac{d\sin\theta}{d\theta} + \sin\theta\dfrac{d\cos\theta}{d\theta}$

$\qquad = \cos\theta\cos\theta + \sin\theta(-\sin\theta) = \cos^2\theta - \sin^2\theta$

E. 指數函數與對數函數之微分

1. 常用的指數函數微分如下。

(1) $\dfrac{d}{dx}(e^x) = e^x$

(2) $\dfrac{d}{dx}(e^u) = e^u\dfrac{du}{dx}$　　　　（若 $u = u(x)$）

● 例題 **1-12**

試求下列指數函數之微分：

(1) $f(x) = e^{3x}$　　(2) $f(x) = 2e^{-x}$　　(3) $f(x) = xe^x$　　(4) $f(x) = \dfrac{e^x + e^{-x}}{2}$

(5) $f(x) = \dfrac{e^x}{x^2}$

解 (1) 此處 $u(x) = 3x$，故 $f'(x) = \dfrac{d}{dx}(e^{3x}) = e^{3x} \cdot \dfrac{d(3x)}{dx} = 3e^{3x}$

(2) $f'(x) = \dfrac{d}{dx}(2e^{-x}) = 2e^{-x}\dfrac{d(-x)}{dx} = -2^{-x}$

(3)　令 $f(x) = g(x)h(x)$

則 $f'(x) = g'(x)h(x) + g(x)h'(x)$

此處 $g(x) = x$，$h(x) = e^x$，則

$$f'(x) = \frac{d}{dx}(xe^x) = \frac{dx}{dx}e^x + x\frac{de^x}{dx} = e^x + xe^x = e^x(1+x)$$

(4)　$f(x) = \dfrac{e^x + e^{-x}}{2} = \dfrac{1}{2}(e^x + e^{-x})$ 則

$$f'(x) = \frac{1}{2}\frac{d}{dx}(e^x + e^{-x}) = \frac{1}{2}(\frac{de^x}{dx} + \frac{de^{-x}}{dx}) = \frac{1}{2}(e^x - e^{-x}) = \frac{e^x - e^{-x}}{2}$$

(5)　令 $g(x) = e^x$，$h(x) = \dfrac{1}{x^2} = x^{-2}$ 則

$$f'(x) = \frac{d}{dx}[e^x x^{-2}] = \frac{de^x}{dx}x^{-2} + e^x\frac{d}{dx}(x^{-2}) = e^x x^{-2} + e^x(-2x^{-2})$$

$$= e^x(x^{-2} - 2x^{-3}) = e^x x^{-3}(x-2) = \frac{e^x(x-2)}{x^3}$$

2.　常用的對數函數微分如下：

(1)　$\dfrac{d}{dx}(\ln x) = \dfrac{1}{x}$

【證明】

依定義，$\dfrac{de^y}{dx} = e^y\dfrac{dy}{dx}$，若令 $y = \ln x$，則 $e^y = x$，兩邊分別對 x 微

分得 $\dfrac{de^y}{dx} = \dfrac{dx}{dx}$，即 $e^y\dfrac{dy}{dx} = 1$，則 $\dfrac{dy}{dx} = e^{-y} = \dfrac{1}{e^y} = \dfrac{1}{x}$

$\dfrac{d}{dx}(\ln u) = \dfrac{1}{u}\dfrac{du}{dx}$ $y = \ln x$ 代入上式得 $\dfrac{d}{dx}(\ln x) = \dfrac{1}{x}$

(2)　$\dfrac{d}{dx}(\ln u) = \dfrac{1}{u}\dfrac{du}{dx}$　　　　（**若** $u = u(x)$）

● 例題 1-13

$f(x) = \ln 3x$，試求 $f'(x)$。

解　$f'(x) = \dfrac{d}{dx}(\ln 3x)$，令 $u = 3x$ 得

$$f'(x) = \frac{1}{3x}\frac{d}{dx}(3x) = \frac{3}{3x} = \frac{1}{x}$$

● 例題 **1-14**

$f(x) = \ln(x^2 + 3)$，試求 $f'(x)$。

解　令 $u = x^2 + 3$

$$f'(x) = \frac{1}{x^2 + 3} \cdot \frac{d}{dx}(x^2 + 3) = \frac{1}{x^2 + 3} \cdot (2x) = \frac{2x}{x^2 + 3}$$

● 例題 **1-15**

$f(x) = x \ln x$，試求 $f'(x)$。

解　$f'(x) = \dfrac{d}{dx}(x)\ln x + x\dfrac{d}{dx}(\ln x) = \ln x + x\dfrac{1}{x} = \ln + 1$

● 例題 **1-16**

$f(x) = \ln(x^2(x+1)^3)$，試求 $f'(x)$。

解　$f(x) = \ln x^2 + \ln(x+1)^3$

$$f'(x) = \frac{d}{dx}(\ln x^2) + \frac{d}{dx}\ln(x+1)^3 = \frac{1}{x^2}\frac{d}{dx}(x^2) + \frac{1}{(x+1)^3} \cdot 3(x+1)^2$$

$$= \frac{2x}{x^2} + \frac{3(x+1)^2}{(x+1)^3} = \frac{2}{x} + \frac{3}{x+1}$$

3. 非 e 底數指數與對數函數的微分

如果指數的底數並非自然指數 e，而是任意指數 a，則其微分方式如下：

對任一指數 a^x 來說，可改變形式為

$a^x = e^{\ln a^x} = e^{x\ln a}$，此處 a 為常數，並非 x 的函數，則

$$\frac{d}{dx}(a^x) = \frac{d}{dx}(e^{x \cdot \ln a}) = e^{x\ln a} \cdot \frac{d}{dx}(x\ln a)$$

$$= e^{x\ln a}[\frac{dx}{dx}(\ln a) + x\frac{d}{dx}\ln a] = e^{x\ln a} \cdot \ln a = a^x \ln a$$

因此可得以下規則

(1) $\dfrac{d}{dx}(a^x) = a^x \ln a$

(2) $\dfrac{d}{dx}(a^u) = a^u \ln a \dfrac{du}{dx}$

若以 a 為底的對數 $\log_a x$ 要轉換為自然對數 $\ln$，有如下之換底公式可應用，即

$\log_a x = \dfrac{\ln x}{\ln a}$　　（換底公式）

(3) $\dfrac{d}{dx}(\log_a x) = \dfrac{1}{x} \cdot \dfrac{1}{\ln a}$

(4) $\dfrac{d}{dx}(\log_a u) = \dfrac{1}{u} \dfrac{1}{\ln a} \cdot \dfrac{du}{dx}$

● 例題 1-17

求下列 $f(x)$ 對 x 之微分。

(1) $f(x) = a^{2x}$　　(2) $f(x) = a^{(x+2)}$　　(3) $f(x) = \log_a 3x^2$

解 (1) $f'(x) = a^{2x} \cdot \ln a \cdot (2) = 2a^{2x} \ln a$

(2) $f'(x) = a^{(x+2)} \ln a \cdot (1) = a^{x+2} \ln a$

(3) $f'(x) = \dfrac{1}{3x^2} \cdot \dfrac{1}{\ln a}(6x) = \dfrac{6x}{3x^2 \ln a} = \dfrac{2}{x \ln a}$

練習題

1. 試求下列指數函數之導數：

   (1)　$f(x) = e^{2x^2-1}$

   (2)　$f(x) = e^{(x+1)^2}$

   (3)　$f(x) = e^x \sin x^2$

   (4)　$f(x) = xe^{-x^2}$

2. 試求下列對數函數之導數：

   (1)　$g(x) = \ln(1 + x^2)$

   (2)　$g(x) = x^2\ln(1 + 2x)$

   (3)　$g(x) = x\ln(x^2 + 1)^2$

   (4)　$g(x) = \ln(1 + e^x)$

3. 網路散播訊息的覆蓋率為 $f(t) = 1 - e^{-0.6t}$，試求某一訊息發佈後要達到 80% 覆蓋率的時間 t？

4. 試求 $f(x) = (x^2 + 1)^\pi + \sin(\ln x)$ 之導數。

5. 試求 $f(x) = (e^x + 1)^{\sin x}$ 之導數。

四　積分的定義與應用

A. 積分的定義

積分是和微分具有互逆性的一種無限小量加數運算的數學方法

設 $\dfrac{df(x)}{dx} = g(x)$，$df(x) = g(x)\, dx$

兩邊積分得 $\displaystyle\int g(x)\, dx = \int df(x) = f(x)$

則稱 $f(x)$ 爲 $g(x)$ 對 x 之積分或 $g(x)$ 對 x 之積分爲 $f(x)$。

● 例題 **1-18**

若 $f(x) = x^2 + 1$，試求 $g(x) = \dfrac{df(x)}{dx}$ 及 $\displaystyle\int g(x)\, dx$。

解 對 $f(x)$ 微分得 $\dfrac{df(x)}{dx} = 2x$，令 $\dfrac{df(x)}{dx} = g(x) = 2x$，則

$$\int g(x)\, dx = \int (2x)\, dx = x^2 + c$$

因常數微分爲 0，故積分後加上一常數 c 的大小可依其他條件代入而得。

● 例題 **1-19**

試求 $\displaystyle\int (x^3 + 2x)\, dx$。

解 $\displaystyle\int (x^3 + 2x)\, dx = \dfrac{1}{4}x^4 + x^2 + c$

沒有上下限的積分稱不定積分，有上、下限的積分則稱爲定積分，需把上下限代入得解

● 例題 **1-20**

試求 $\int_1^2 (x^2+1)\,dx$。

解 $\int_1^2 (x^2+1)\,dx = (\frac{1}{3}x^3 + x)\Big|_1^2 = (\frac{1}{3}2^3 + 2) - (\frac{1}{3}1^3 + 1) = (\frac{8}{3} + 2) - (\frac{1}{3} + 1)$

$= \frac{14}{3} - \frac{4}{3} = \frac{10}{3}$

B. 積分的物理意義

由積分的定義，$f(x) = \int df(x) = \int g(x)\,dx$ 可知 $f(x)$ 是由許多無限小的 $df(x)$ 累積加總而來，以圖 1-6 為例，若 $g(x)$ 和 dx 相乘積代表灰色部份的面積，當 dt 極小時，則 $g(x)dt$ 代表很細的條形面積，把這些很細的條形面積累加起來，從 x_1 到 x_2，就得到 $g(x)$ 底下從 x_1 到 x_2 之間的面積，這就是積分的物理意義。

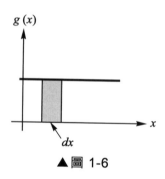

▲圖 1-6

如果 g 為物體運動的速度，為 t 的函數，則 $\int_{t_1}^{t_2} g(t)\,dt$ 就表示從 t_1 到 t_2 物體所移動的總距離。

● 例題 **1-21**

若兩個物體 A 和 B 分別以 $V_A = 10\text{m/s}$ 等速運動和 $V_B(t) = 3t^2 - 2t$ 的速度運動，求 4 秒鐘後何者位移較大？

解 $S_A = \int_0^4 V_A\,dt = \int_0^4 10\,dt = 10t\Big|_0^4 = 40 - 0 = 40$

$S_B = \int_0^4 V_B(t)\,dt = \int_0^4 (3t^2 - 2t)\,dt = (t^3 - t^2)\Big|_0^4 = (4^3 - 4^2) - 0 = 64 - 16 = 48$

故 B 物體的位移較大

● 例題 **1-22**

物體以 $V(t) = t^2 - 5t + 1$ 的速度運動，試求物體速度達 25 m/sec 時所需時間？

解 $25 = t^2 - 5t + 1$

$\Rightarrow t^2 - 5t - 24 = 0$

$\Rightarrow (t - 8)(t + 3) = 0$，$t = 8$ 或 -3（不合）

故當 $t = 8\text{sec}$ 時速度可達 25 m/sec

C. 三角函數積分

積分式中含有三角函數的項目在內的，就需運用到下列常用的積分公式

1. $\int \sin\theta\,d\theta = -\cos\theta$
2. $\int \cos\theta\,d\theta = \sin\theta$

● 例題 **1-23**

試求 $\int_{30°}^{60°} \sin\theta \, d\theta$ 及 $\int_{0°}^{30°} \cos\theta \, d\theta$。

解　$\int_{30°}^{60°} \sin\theta \, d\theta = -\cos\theta \Big|_{30°}^{60°} = (-\cos 60°) - (-\cos 30°) = -\frac{1}{2} + \frac{\sqrt{3}}{2} = \frac{\sqrt{3}-1}{2} = 0.366$

$\int_{0°}^{30°} \cos\theta \, d\theta = \sin\theta \Big|_{0°}^{30°} = \sin 30° - \sin 0° = \frac{1}{2} - 0 = \frac{1}{2}$

● 例題 **1-24**

試求 $\int_{0°}^{30°} (\sin 2\theta + \cos 3\theta) \, d\theta$。

解　$\int_{0}^{30} (\sin 2\theta + \cos 3\theta) \, d\theta = \int_{0}^{30} \sin 2\theta \, d\theta + \int_{0}^{30} \cos 3\theta \, d\theta$

$= -\frac{1}{2}\cos 2\theta \Big|_{0°}^{30°} + \frac{1}{3}\sin 3\theta \Big|_{0°}^{30°}$

$= -\frac{1}{2}(\cos 60° - \cos 0°) + \frac{1}{3}(\sin 90° - \sin 0°)$

$= -\frac{1}{2}\left(\frac{1}{2} - 1\right) + \frac{1}{3}(1 - 0) = \frac{1}{4} + \frac{1}{3} = \frac{7}{12}$

D. 自然指數的積分

由微分公式 $\dfrac{d}{dx}e^x = e^x$ 得到 $de^x = e^x \, dx$

則 $\int e^x \, dx = \int de^x = e^x + c$，因此，對任何一個函數 $u = u(x)$，上式關係也都存在，即

$$\int e^u \, du = e^u + c$$

● 例題 **1-25**

試求 $\int e^{-2x} \, dx$ 。

解 令 $u = -2x$ ，$du = -2dx$ ，$dx = -\dfrac{1}{2} du$

則 $\int e^{-2x} \, dx = -\dfrac{1}{2} \int e^u \, du = -\dfrac{1}{2} e^u + c = -\dfrac{1}{2} e^{-2x} + c$

● 例題 **1-26**

試求 $\int xe^{-2x^2} \, dx$ 。

解 令 $u = -2x^2$ ，$du = -4x \, dx$ ，則

$\int xe^{-2x^2} \, dx = -\dfrac{1}{4} \int e^u \, du = -\dfrac{1}{4} e^u + c = -\dfrac{1}{4} e^{-2x^2} + c$

E. 自然對數的積分

自然對數 e 的運算較麻煩，需借助「分部積分法」才能完成，假設 $u = u(x)$ ，$v = v(x)$ ，則 $\dfrac{d(uv)}{dx} = u\dfrac{dv}{dx} + v\dfrac{du}{dx}$ ，則 $d(uv) = (u\dfrac{dv}{dx} + v\dfrac{du}{dx})dx$ ，將 dx 消去得 $d(uv) = u \, dv + v \, du$ ，等號兩邊積分得 $uv = \int (u \, dv + v \, du)$ 　　（分部積分法）。

運用分部積分法來對自然對數 $\ln x$ 積分，方法如下

$\int \ln x \, dx = \int u \, dv$ ，即假設 $u = \ln x$ ，$dv = dx$ ，則 $du = \dfrac{1}{x} dx$ ，$v = x$ ，代入公式中得 $\int u \, dv = uv - \int v \, du$ ，即

$$\int \ln x \, dx = x\ln x - \int x(\dfrac{1}{x}) \, dx = x\ln x - \int dx = x\ln x - x + c$$

● 例題 **1-27**

試求 $\int \ln x^2 \, dx$。

解 令 $u = \ln x^2$，$dv = dx$，則 $du = \dfrac{1}{x^2}(2x\,dx) = \dfrac{2}{x}\,dx$，$v = x$

$$\int u\,dv = uv - \int v\,du$$

$$\int \ln x^2 \, dx = x \ln x^2 - \int x\frac{2}{x}\,dx = x\ln x^2 - 2x + c$$

練習題

1. 試求 $\displaystyle\int_1^2 x^2 e^{-2x^3} \, dx$。

2. 試求 $\displaystyle\int \cos x e^{\sin x} \, dx$。

3. 試求 $\displaystyle\int \sin x e^{\cos x} \, dx$。

4. 試求 $\displaystyle\int x \ln x \, dx$。

5. 試求 $\displaystyle\int \frac{1}{x^2} \ln x \, dx$。

課後作業

1. 某國家人口數的估算於 2000 年到 2010 年可用指數函數 $p(t) = 23.21(0.993)^t$ 來表示，其中 $p(t)$ 為百萬人口數，t 為年數

   (1) 試估算該國 2030 年之人口數。

   (2) 試估算該國人口少於 1800 萬人之年數。

2. 世界第一高樓杜拜塔高 828 公尺，若從海平面算起，在某一高度處之大氣壓力為 $P = P_0 \exp(-\dfrac{gx}{RT_0})$，$P_0$ 為一大氣壓，試求塔頂之大氣壓力？

3. 若 $\theta(t) = 3t^2$，試求 $\sin\theta$ 和 $\cos\theta$ 對 t 之微分。

4. 試求下列 $f(x)$ 對 x 之微分：

  (1) $f(x) = a^{(2x+x^2)}$

  (2) $f(x) = \log_a x + x^3$

5. 若兩個物體 A 和 B 分別以 $V_A = 10\text{m/s}$ 等速運動和 $V_B(t) = 3t^2 - 2t$ 的速度運動，在時間多少時 A、B 兩物體會相遇？

02

向量的基本性質

學習重點

本章主要在探討向量運算的各種方法與性質，其中向量的點積與乘積二者，在後續課程如工程力學、流體力學、熱力學、電學等領域學科中應用頻繁，如能深入了解並熟習應用，對相關高階課程之學習甚有助益。

　　物理量有很多種，可以將它們分為兩個類別，**第一類只有大小沒有方向的量稱為純量（scalar），例如質量、溫度、時間、密度、比熱、比重等，另外一類則是具有大小和方向的量就稱為向量（vector），例如作用力、加速度、速度、位移等。**向量常用的運算項目包含加、減、乘、除、點積（dot product）、乘積（cross product）和三乘積（triple product）等七種，其中加法、減法是一體的，減一個向量就是加一個負的向量，至於乘法，基本上是將向量乘以一個純量，使它變成原有向量的倍數，除法則是將向量除以一個純量，使它變成原有向量的分數，運算方法清楚容易。比較不一樣的是向量的點積（或稱內積 inner product）、向量的乘積（或稱外積 outer product）和向量的三重積。運算上雖然比較複雜，但只要了解了它們的物理意義就容易融會貫通。在一般科學或工程學的研究中，基本構成元素很多都是具有方向性的向量，因此，向量運算就成了最常用且最方便的數學運算方法。

　　本節將針對向量最常用的七種運算方法加以說明，以作為後續章節應用的基礎。**向量運算的表達方式有兩種，一種是圖解法，另一種是坐標分量法。**圖解法是以圖來表示運算的過程和結果，必要時再以三角函數（trigonometric function）的諸項定理來求得數值解。至於坐標分量法，則是將各向量分解為直角坐標（rectangular coordinate）或稱卡氏坐標（Cartesian coordinate）上 x 軸、y 軸和 z 軸的分向量，然後將單一坐標軸上的所有分量逐步做運算，最後再將三個軸向運算所得到的結果加以結合，就成為完整的解答。

一　向量的加減乘除

A. 向量的加法與減法（vector addition & subtraction）

　　以簡單的例子來說明向量的加法和減法最容易理解，若有兩個向量 $\vec{A}$ 和 $\vec{B}$ 分別為 $\vec{A}=2\vec{i}+3\vec{j}$ 以及 $\vec{B}=4\vec{i}-\vec{j}$，因為 x 軸和 y 軸之間互相獨立，所以可以將兩個向量在 x 軸上的分量相加起來得到 x 軸上的和，在 y 軸上的分量相加起來得到 y 軸上的和，然後將兩者合併起來就可以了，亦即

加法：$\vec{A}+\vec{B}=(2\vec{i}+3\vec{j})+(4\vec{i}-\vec{j})=6\vec{i}+2\vec{j}$

減法：$\vec{A}-\vec{B}=(2\vec{i}+3\vec{j})-(4\vec{i}-\vec{j})=-2\vec{i}+4\vec{j}$

如果以圖解法運算，可以用圖 2-1 所示的方式處理，得到的結果與數學運算方式所得到的相同。

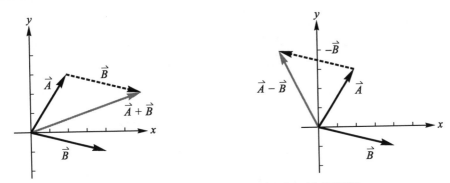

▲圖 2-1　以圖示法表示向量的加法和減法

由圖 2-1 中可知，利用圖解法來表示兩個向量相加時，是把第二個向量加以平移，使它的起點和第一個向量的終點重疊，然後以第一個向量的起點爲起點，以第二個向量的終點爲終點，將起點和終點連接起來所形成的新向量就是原來那兩個向量相加所得到的和。向量的減法則是先把要減去的向量反向處理得到負向量，然後再依上述方法把第一個向量和這個負向量相加起來即可。三度空間中的向量運算，不管是坐標分量法或是圖解法，方式和程序都和前面所舉的二度空間相同，只是多了 z 軸分量的運算而已。

B. 向量的乘法和除法

同樣以簡單的例子來說明向量的乘法和除法，若有兩個向量分別爲 $\vec{A}=2\vec{i}+3\vec{j}$ 和 $\vec{B}=4\vec{i}-\vec{j}$，則

乘法：$\vec{A}\times2=2\times\vec{A}=2\times(2\vec{i}+3\vec{j})=4\vec{i}+6\vec{j}$

除法：$\vec{B}\div2=(4\vec{i}-\vec{j})\div2=2\vec{i}-0.5\vec{j}$

當以圖解法運算後，可以得到如圖 2-2 所示的結果，與數學運算方式所得到的也是相同。

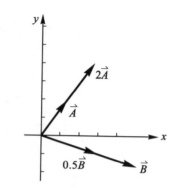

▲圖 2-2　向量乘以和除以一個純量

二　向量的點積

向量與向量的點積（dot product）或稱為內積（inner product）的定義是：若 θ 為向量 $\vec{A}$ 與向量 $\vec{B}$ 之間的夾角，則 $\vec{A}$ 和 $\vec{B}$ 兩向量的內積為 $\vec{A} \cdot \vec{B} = AB\cos\theta$。

其中 A 和 B 分別為向量 $\vec{A}$ 及向量 $\vec{B}$ 的長度或大小。至於**內積的物理意義是什麼呢？**簡單的說就是「向量 $\vec{A}$ 的長度 A 和向量 $\vec{B}$ 在向量 $\vec{A}$ 方向分量大小 $B\cos\theta$ 的相乘積」。因為向量的長度和向量分量大小都是純量，所以相乘時兩者次序可以對調，相乘以後得到的內積大小相等，而且也都是純量。亦即 $\vec{A} \cdot \vec{B} = AB\cos\theta = BA\cos\theta = \vec{B} \cdot \vec{A}$，如圖 2-3。

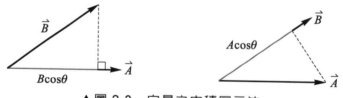

▲圖 2-3　向量之內積圖示法

向量點積有不變的運算法則。已知 $\vec{A}$、$\vec{B}$、$\vec{C}$ 三者皆為向量，$\vec{i}$、$\vec{j}$、$\vec{k}$ 則為直角坐標軸 x、y 和 z 軸上的單位向量，若

$$\vec{A} = a_x \vec{i} + a_y \vec{j} + a_z \vec{k}$$

$$\vec{B} = b_x \vec{i} + b_y \vec{j} + b_z \vec{k}$$

$$\vec{C} = c_x \vec{i} + c_y \vec{j} + c_z \vec{k} \quad 則$$

$$\vec{A} \cdot \vec{B} = (a_x \vec{i} + a_y \vec{j} + a_z \vec{k}) \cdot (b_x \vec{i} + b_y \vec{j} + b_z \vec{k})$$

$$= a_x b_x \vec{i} \cdot \vec{i} + a_x b_y \vec{i} \cdot \vec{j} + a_x b_z \vec{i} \cdot \vec{k} + a_y b_x \vec{j} \cdot \vec{i} + a_y b_y \vec{j} \cdot \vec{j} + a_y b_z \vec{j} \cdot \vec{k}$$

$$+ a_z b_x \vec{k} \cdot \vec{i} + a_z b_y \vec{k} \cdot \vec{j} + a_z b_z \vec{k} \cdot \vec{k}$$

根據向量內積的定義，若兩個向量同方向，亦即 $\theta = 0°$，則 $\cos\theta = 1$，那麼這兩向量的內積就等於兩者大小的相乘積。相反的，若兩向量相互垂直，亦即 $\theta = 90°$，則 $\cos\theta = 0$，那麼這兩向量的內積就等於零。上式中 $\vec{i}$、$\vec{j}$、$\vec{k}$ 為三個坐標軸的單位向量（大小為 1），三者相互垂直，所以它們自我之間方向相同，夾角 $\theta = 0°$，$\cos\theta = 1$，因此內積為 1，亦即是說 $\vec{i} \cdot \vec{i} = \vec{j} \cdot \vec{j} = \vec{k} \cdot \vec{k} = 1$

至於各不同方向的單位向量因互相垂直，夾角 $\theta = 90°$，$\cos\theta = 0$，所以相互間的內積為零。亦即

$$\vec{i} \cdot \vec{j} = \vec{j} \cdot \vec{k} = \vec{k} \cdot \vec{i} = \vec{j} \cdot \vec{i} = \vec{k} \cdot \vec{j} = \vec{i} \cdot \vec{k} = 0$$

因此上面所提到向量 $\vec{A}$ 和向量 $\vec{B}$ 的內積可以化簡為

$$\vec{A} \cdot \vec{B} = a_x b_x + a_y b_y + a_z b_z$$

向量內積也可以用來求得兩個向量 $\vec{A}$ 和 $\vec{B}$ 的大小或兩者之間的夾角。依向量內積定義，$\vec{A} \cdot \vec{B} = AB\cos\theta$，則

$$\cos\theta = \frac{\vec{A} \cdot \vec{B}}{AB} , \quad \theta = \cos^{-1}\frac{\vec{A} \cdot \vec{B}}{AB}$$

其中 A 和 B 分別為向量 $\vec{A}$ 以及向量 $\vec{B}$ 的長度或大小。因為向量在各個坐標軸上的分量彼此之間互相垂直，可以輕易的運用畢氏定理來求得它的大小，亦即

$$A = \sqrt{a_x^2 + a_y^2 + a_z^2} \quad B = \sqrt{b_x^2 + b_y^2 + b_z^2}$$

● 例題 **2-1**

若向量 $\vec{A} = 2\vec{i} + 3\vec{j}$，$\vec{B} = 4\vec{i} - \vec{j}$，試求此二向量的內積及其夾角。

解 依據向量內積的定義，$\vec{A} \cdot \vec{B} = 2 \times 4 + 3 \times (-1) = 5$

向量的大小 A 和 B 分別為

$A = \sqrt{(2^2 + 3^2)}$ 則 $A = \sqrt{13} \approx 3.60$

$B = \sqrt{[4^2 + (-1)^2]}$ 則 $B = \sqrt{17} \approx 4.12$

$\theta = \cos^{-1} \dfrac{\vec{A} \cdot \vec{B}}{AB} = \cos^{-1} \dfrac{5}{3.60 \times 4.12} = \cos^{-1}(0.337) = 70.3°$

則兩向量的夾角 $\theta = 70.3°$

● 例題 **2-2**

若向量 $\vec{A} = 3\vec{i} + 2\vec{j} - 5\vec{k}$，試求此向量與 x 軸、y 軸和 z 軸之間的夾角。

解 依據向量內積的定義，$\vec{A}$ 在 x 軸、y 軸和 z 軸的分量分別為

$\vec{A} \cdot \vec{i} = (3\vec{i} + 2\vec{j} - 5\vec{k}) \cdot \vec{i} = 3$　　$\vec{A} \cdot \vec{j} = (3\vec{i} + 2\vec{j} - 5\vec{k}) \cdot \vec{j} = 2$

$\vec{A} \cdot \vec{k} = (3\vec{i} + 2\vec{j} - 5\vec{k}) \cdot \vec{k} = -5$

$A = \sqrt{[3^2 + 2^2 + (-5)^2]} = \sqrt{38} \approx 6.16$，則

$\theta_x = \cos^{-1} \dfrac{3}{6.16 \times 1} \approx 60.9°$　　　　$\theta_y = \cos^{-1} \dfrac{2}{6.16 \times 1} \approx 71.1°$

$\theta_z = \cos^{-1} \dfrac{-5}{6.16 \times 1} \approx 144.3°$

　　另外，若要求空間中任一點 $P(x, y, z)$ 到某一個平面的距離，只要能知道平面方程式，就可利用內積的定義來求得。

● 例題 **2-3**

試求點 $A(1, 3, 2)$ 到點 $B(2, 5, 6)$ 之距離？

解 先求出向量 $\overrightarrow{AB} = (2-1)\vec{i} + (5-3)\vec{j} + (6-2)\vec{k} = \vec{i} + 2\vec{j} + 4\vec{k}$

向量 $\overrightarrow{AB}$ 的大小即為 A 點與 B 點的距離

則 $|\overrightarrow{AB}| = \sqrt{1^2 + 2^2 + 4^2} = \sqrt{21} = 4.58$

● 例題 **2-4**

置放於平面上的物體受到大小為 100N 的力作用，水平方向移動了 10m，試求該力對物體所作的功？

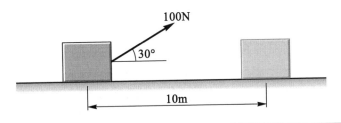

解 依據力作功的定義，作用力和位移同方向才有作功，此即和兩向量的內積定義相同，亦即作功 $W = \vec{F} \cdot \vec{S}$，由圖中可知

$\vec{F} = 100\cos 30 \,\vec{i} + 100\sin 30 \,\vec{j} = 86.6\vec{i} + 50\vec{j}$

$\vec{S} = 10\vec{i}$，則

$W = \vec{F} \cdot \vec{S} = (86.6\vec{i} + 50\vec{j}) \cdot (10\vec{i}) = 866$（N · m）

練習題

1. 已知 $\vec{u} = 3\vec{i} + 2\vec{j} - \vec{k}$ ， $\vec{v} = \vec{i} - 2\vec{j} + 4\vec{k}$ ，試求：

　　(1) $\vec{u} \cdot \vec{v}$

　　(2) $\vec{u}$ 與 $\vec{v}$ 間之夾角

2. 兩向量 $\vec{u} = \vec{i} + 2\vec{j}$ ， $\vec{v} = -\vec{i} + V_y\vec{j}$ ，若兩向量的夾角為 60° ，求 V_y 。

3. 試求向量 $\vec{u} = 3\vec{i} - \vec{j} + 2\vec{k}$ 與 x 軸、y 軸及 z 軸之間的夾角。

4. 作用力 $\vec{F} = 3\vec{i} + 5\vec{j} + \vec{k}$ （N）在空間中移動了 $\vec{S} = 10\vec{i} + 2\vec{j} - 4\vec{k}$ （m），試求力對物體所作的功？

5. 試求向量 $\vec{u} = 5\vec{i} + 2\vec{j} + \vec{k}$ 在向量 $\vec{v} = 3\vec{i} + \vec{k}$ 上的分量。

三　向量的乘積

向量與向量的乘積（cross product）或稱為外積（vector product）的定義是：若 θ 為向量 $\vec{A}$ 與向量 $\vec{B}$ 之間的夾角，則 $\vec{A}$ 和 $\vec{B}$ 兩向量的外積為：

$$\vec{A} \times \vec{B} = AB\sin\theta\,\vec{e}$$

兩個向量 $\vec{A}$ 與 $\vec{B}$ 的相乘積是一個新向量，這個新向量會同時垂直於向量 $\vec{A}$ 和向量 $\vec{B}$。上式中 A 和 B 分別為向量 $\vec{A}$ 以及向量 $\vec{B}$ 的大小，$\vec{e}$ 則是所得到這個新向量的單位向量（unit vector），又因為 $\vec{e}$ 和 $\vec{A}$、$\vec{B}$ 兩向量所構成的平面相垂直，因此 $\vec{e}$ 也稱為這個平面的單位法向量（unit normal vector）。

外積的幾何意義簡單的說就是「以向量 $\vec{A}$ 和向量 $\vec{B}$ 為邊界所圍成的平行四邊形面積」，如圖 2-4。由圖中可以得知，向量 $\vec{A}$ 的大小 A 是平行四邊形的底，$B\sin\theta$ 則是平行四邊形的高，兩者相乘就是以向量 $\vec{A}$ 和 $\vec{B}$ 為邊所圍成的平行四邊形面積，單位向量 $\vec{e}$ 則是這個平行四邊形的單位向量，大小為 1，在垂直於該平面的方向上。

向量乘積或向量外積的方向該如何決定呢？一般來說，**我們定義三度空間中 x 軸、y 軸和 z 軸三者的方向關係最常運用右手定則（right-handed rule），亦即是分別以拇指、食指和中指來代表 x 軸、y 軸和 z 軸的正方向，如圖 2-5。**

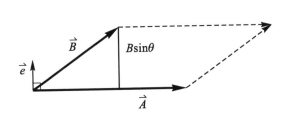

▲圖 2-4　向量的外積圖示法

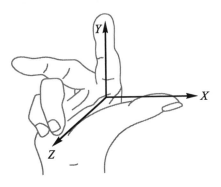

▲圖 2-5　向量方向的右手定則

在向量乘積的運算中，向量 $\vec{A}$ 和向量 $\vec{B}$ 的單位向量 $\vec{e}$ 的相對關係可以用右手螺旋定則（right hand screw rule）來表示，比如說，$\vec{A}$ 是在 $\vec{j}$ 方向而 $\vec{B}$ 在 $\vec{k}$ 方向，則兩者乘積 $\vec{A} \times \vec{B}$ 的方向就是在 $\vec{i}$ 方向，如圖 2-6。

依據右手螺旋定則，三個坐標軸的單位向量之間的乘積為

$$\vec{i} \times \vec{j} = \vec{k} \qquad \vec{j} \times \vec{k} = \vec{i} \qquad \vec{k} \times \vec{i} = \vec{j}$$

$$\vec{j} \times \vec{i} = -\vec{k} \qquad \vec{k} \times \vec{j} = -\vec{i} \qquad \vec{i} \times \vec{k} = -\vec{j}$$

簡單的記憶法是把 $\vec{i}$、$\vec{j}$、$\vec{k}$ 依序排列成一個三角形，順時針方向得正，逆時針方向得負，如圖 2-7。

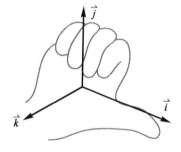

▲圖 2-6　右手螺旋定則

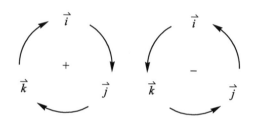

▲圖 2-7　向量乘積的方向判別

至於 $\vec{i} \times \vec{i}$、$\vec{j} \times \vec{j}$ 和 $\vec{k} \times \vec{k}$ 的結果是什麼呢？因為兩者同方向，彼此之間的夾角 θ 為 0°，因此 $\sin\theta = 0$，所以**自我向量的乘積也是零**，亦即 $\vec{i} \times \vec{i} = \vec{j} \times \vec{j} = \vec{k} \times \vec{k} = \vec{0}$

向量乘積的定義為 $\vec{u} \times \vec{v} = uv\sin\theta\,\vec{e}$，如果要以此式求 $\vec{u}$、$\vec{v}$ 兩個向量之間的夾角 θ，可以忽略單位向量 $\vec{e}$（因其大小為 1，主要為方向標示用），而用其他向量的大小來求得，亦即

$$\sin\theta = \frac{|\vec{u} \times \vec{v}|}{|\vec{u}||\vec{v}|} = \frac{|\vec{u} \times \vec{v}|}{uv}$$

向量乘積在運算時略顯繁複，將其變化成行列式的模式來運算，可以更為簡單而不易弄錯。若 $\vec{u} = u_x\vec{i} + u_y\vec{j} + u_z\vec{k}$，$\vec{v} = v_x\vec{i} + v_y\vec{j} + v_z\vec{k}$，則

$$\vec{u} \times \vec{v} = \begin{vmatrix} \vec{i} & \vec{j} & \vec{k} \\ u_x & u_y & u_z \\ v_x & v_y & v_z \end{vmatrix}$$

將行列式展開可以得到和兩者直接相乘完全相同的結果。

由向量乘積定義

$$\vec{u} \times \vec{v} = uv \sin\theta \vec{e}$$

而 $\sin\theta = \dfrac{|\vec{u} \times \vec{v}|}{|\vec{u}||\vec{v}|} = \dfrac{|\vec{u} \times \vec{v}|}{uv}$ ，代入上式得

$$\vec{u} \times \vec{v} = uv \frac{|\vec{u} \times \vec{v}|}{uv} \vec{e} = |\vec{u} \times \vec{v}| \vec{e}$$

則 $\vec{e} = \dfrac{\vec{u} \times \vec{v}}{|\vec{u} \times \vec{v}|}$

此處 $\vec{e}$ 為兩向量 $\vec{u}$ 和 $\vec{v}$ 乘積所得到新向量的方向單位向量。

● 例題 2-5

若 $\vec{u} = 2\vec{i} + \vec{j} + 3\vec{k}$ ，$\vec{v} = \vec{i} - 2\vec{j} + \vec{k}$ ，試求：

(1) $\vec{u} \times \vec{v}$ 　(2) $\vec{v} \times \vec{u}$ 　(3)二者間的夾角

解 (1) $\vec{u} \times \vec{v} = (2\vec{i} + \vec{j} + 3\vec{k}) \times (\vec{i} - 2\vec{j} + \vec{k})$

$= (2\vec{i} \times \vec{i} - 4\vec{i} \times \vec{j} + 2\vec{i} \times \vec{k}) + (\vec{j} \times \vec{i} - 2\vec{j} \times \vec{j} + \vec{j} \times \vec{k}) + (3\vec{k} \times \vec{i} - 6\vec{k} \times \vec{j} + 3\vec{k} \times \vec{k})$

$= [0 - 4\vec{k} + 2(-\vec{j})] + [(-\vec{k}) - 0 + \vec{i}] + [3\vec{j} - 6(-\vec{i}) + 0]$

$= -4\vec{k} - 2\vec{j} - \vec{k} + \vec{i} + 3\vec{j} + 6\vec{i} = 7\vec{i} + \vec{j} - 5\vec{k}$

(2) $\vec{v} \times \vec{u} = (\vec{i} - 2\vec{j} + \vec{k}) \times (2\vec{i} + \vec{j} + 3\vec{k})$

$= (2\vec{i} \times \vec{i} + \vec{i} \times \vec{j} + 3\vec{i} \times \vec{k}) + (-4\vec{j} \times \vec{i} - 2\vec{j} \times \vec{j} - 6\vec{j} \times \vec{k}) + (2\vec{k} \times \vec{i} + \vec{k} \times \vec{j} + 3\vec{k} \times \vec{k})$

$= [0 + \vec{k} + 3(-\vec{j})] + [-4(-\vec{k}) - 0 - 6\vec{i}] + [2\vec{j} + (-\vec{i}) + 0]$

$= \vec{k} - 3\vec{j} + 4\vec{k} - 6\vec{i} + 2\vec{j} - \vec{i} = -7\vec{i} - \vec{j} + 5\vec{k}$

(3) 由上可知 $\vec{u} \times \vec{v} = -\vec{v} \times \vec{u}$ ，兩者之間的夾角由定義可求得

$$\vec{u} \times \vec{v} = uv \sin\theta \vec{e}$$

$$\sin\theta = \frac{|\vec{u} \times \vec{v}|}{|\vec{u}||\vec{v}|} = \frac{\sqrt{7^2 + 1^2 + (-5)^2}}{\sqrt{2^2 + 1^2 + 3^2}\sqrt{1^2 + (-2)^2 + 1^2}} = \frac{\sqrt{75}}{\sqrt{14}\sqrt{6}} = \frac{\sqrt{75}}{\sqrt{84}} = \sqrt{\frac{75}{84}}$$

$$= 0.945$$

$$\theta = \sin^{-1}(0.945) = 70.9° \ (\vec{u} , \vec{v} \text{ 之夾角})$$

● 例題 **2-6**

若 $\vec{u} = 3\vec{i} + 4\vec{k}$ ，$\vec{v} = 2\vec{j} - \vec{k}$ ，試求：

(1) $\vec{u} \times \vec{v}$ (2) $\vec{u}$ 、 $\vec{v}$ 之夾角   (3) $\vec{u} \times \vec{v}$ 之方向 $\vec{e}$

解 (1) $\vec{u} \times \vec{v} = \begin{vmatrix} \vec{i} & \vec{j} & \vec{k} \\ 3 & 0 & 4 \\ 0 & 2 & -1 \end{vmatrix} = (0\vec{i} + 6\vec{k} + 0\vec{j}) - (0\vec{k} + 8\vec{i} - 3\vec{j}) = -8\vec{i} + 3\vec{j} + 6\vec{k}$

(2) $\sin\theta = \dfrac{|\vec{u} \times \vec{v}|}{|\vec{u}||\vec{v}|} = \dfrac{\sqrt{(-8)^2 + 3^2 + 6^2}}{\sqrt{3^2 + 4^2}\sqrt{2^2 + (-1)^2}} = \dfrac{\sqrt{109}}{\sqrt{25}\sqrt{5}} = \sqrt{\dfrac{109}{125}} = 0.934$

$\theta = \sin^{-1}(0.934) = 69°$ （ $\vec{u}$ 、 $\vec{v}$ 之夾角）

(3) $\vec{u} \times \vec{v} = uv\sin\theta\,\vec{e}$ ，則

$\vec{e} = \dfrac{\vec{u} \times \vec{v}}{uv\sin\theta} = \dfrac{-8\vec{i} + 3\vec{j} + 6\vec{k}}{\sqrt{125}\sin 69°} = \dfrac{1}{10.44}(-8\vec{i} + 3\vec{j} + 6\vec{k})$

$= -0.766\vec{i} + 0.287\vec{j} + 0.575\vec{k}$

● 例題 **2-7**

水平方向上的扳手長度 0.3m，若以 80N 的力向下欲鎖緊螺帽，試問力矩為多少？

解 $\vec{F} = -80\vec{k}$ ，$\vec{r} = 0.3\vec{i}$

$\vec{M} = \vec{r} \times \vec{F} = 0.3\vec{i} \times (-80)\vec{k} = (-24)(\vec{i} \times \vec{k}) = (-24)(-\vec{j}) = 24\vec{j}$ （N · m）

● 例題 **2-8**

試求向量 $\vec{A} = 2\vec{i} + \vec{j} + \vec{k}$ ，$\vec{B} = 3\vec{j} - \vec{k}$ 所圍成的平行四邊形面積？

解 $\vec{A} \times \vec{B} = \begin{vmatrix} \vec{i} & \vec{j} & \vec{k} \\ 2 & 1 & 1 \\ 0 & 3 & -1 \end{vmatrix} = -\vec{i} + 6\vec{k} - 3\vec{i} - (-2\vec{j}) = -4\vec{i} + 2\vec{j} + 6\vec{k}$

平行四邊形面積為 $|\vec{A} \times \vec{B}| = \sqrt{(-4)^2 + (2)^2 + (6)^2} = \sqrt{56} \approx 7.48$

● 例題 2-9

求空間中三點 $A(1, 4, 2)$，$B(3, 1, 3)$ 及 $C(5, 7, 6)$ 所圍成的三角形面積。

(解) 以 A 爲參考點，得向量 $\vec{u} = \overrightarrow{AB}$，$\vec{v} = \overrightarrow{AC}$，

即 $\vec{u} = (3-1)\vec{i} + (1-4)\vec{j} + (3-2)\vec{k} = 2\vec{i} - 3\vec{j} + \vec{k}$

$\vec{v} = (5-1)\vec{i} + (7-4)\vec{j} + (6-2)\vec{k} = 4\vec{i} + 3\vec{j} + 4\vec{k}$

$$\vec{u} \times \vec{v} = \begin{vmatrix} \vec{i} & \vec{j} & \vec{k} \\ 2 & -3 & 1 \\ 4 & 3 & 4 \end{vmatrix} = (-12\vec{i} + 4\vec{j} + 6\vec{k}) - (-12\vec{k} + 8\vec{j} + 3\vec{i}) = -15\vec{i} - 4\vec{j} + 18\vec{k}$$

$\vec{u}$ 和 $\vec{v}$ 圍成之平行四邊形面積爲 $|\vec{u} \times \vec{v}| = \sqrt{(-15)^2 + (-4)^2 + 18^2} = 23.77$

三角形 ABC 之面積爲平行四邊形面積之半，故爲 11.88

練習題

1. 若 $\vec{u} = 2\vec{j} + 3\vec{k}$，$\vec{v} = 3\vec{i} - \vec{j} + \vec{k}$，求

   (1) $\vec{u} \times \vec{v}$

   (2) 二者間的夾角 θ

   (3) 二向量構成之平行四邊形面積

   (4) 該平行四邊形的方向 $\vec{e}$

2. 若有作用力 $\vec{F} = 20\vec{i} - 10\vec{j} + 10\vec{k}$（N），力臂 $\vec{r} = 3\vec{i} - 4\vec{j} + \vec{k}$（m），試求
   (1) 產生的力矩 $\vec{M}$　(2) 力矩大小 M　(3) 力矩方向 $\vec{e}$。

3. 若 $\vec{u} = 3\vec{i} + \vec{j} + 3\vec{k}$，$\vec{v} = \vec{i} + V_z\vec{k}$，已知兩向量構成之平面爲直角圖形，
   試求 (1) V_z　(2) 圖形面積。

4. 空間中三點 $A(-1, 0, 1)$，$B(3, 2, 4)$，$C(2, 3, 3)$，求此三點所構成三角
   形面積。

5. 空間中三點，$A(0, 1, 1)$，$B(3, 1, 4)$，$C(C_x, 3, 1)$，若希望這三點構成
   的三角形面積爲最小值，求

   (1) C_x　(2) 三角形面積。

四 向量的三重積

如果空間中有三個向量 $\vec{u}$，$\vec{v}$，$\vec{w}$，它們之間存在著三種不同形式的相乘積，即

1. $(\vec{u}\cdot\vec{v})\vec{w}$ 為向量三重積

2. $\vec{u}\cdot(\vec{v}\times\vec{w})$ 為純量三重積

3. $\vec{u}\times(\vec{v}\times\vec{w})$ 為向量三重積

三重積之運算以前述向量的內積和乘積為基礎，並無太大困難，其中 $\vec{u}\cdot(\vec{v}\times\vec{w})$ 為三個向量所構成平行六面體的體積。

若 $\vec{u}=u_x\vec{i}+u_y\vec{j}+u_z\vec{k}$，$\vec{v}=v_x\vec{i}+v_y\vec{j}+v_z\vec{k}$，$\vec{w}=w_x\vec{i}+w_y\vec{j}+w_z\vec{k}$，則三向量所構成之體積為

$$\vec{u}\cdot(\vec{v}\times\vec{w})=\begin{vmatrix} u_x & u_y & u_z \\ v_x & v_y & v_z \\ w_x & w_y & w_z \end{vmatrix}$$

若 $\vec{u}\cdot(\vec{v}\times\vec{w})=0$，表示 $\vec{u}$，$\vec{v}$，$\vec{w}$ 三向量共平面，其構成之體積為零。

● **例題 2-10**

已知 $\vec{u}=\vec{i}+2\vec{j}+\vec{k}$，$\vec{v}=-\vec{i}+3\vec{j}+2\vec{k}$，$\vec{w}=\vec{i}+3\vec{k}$，試求：

(1) $(\vec{u}\cdot\vec{v})\vec{w}$

(2) $\vec{u}\cdot(\vec{v}\times\vec{w})$

(3) $\vec{w}\times(\vec{v}\times\vec{w})$

解 (1) $(\vec{u}\cdot\vec{v})\vec{w}=(-1+6+2)\vec{w}=7\vec{w}=7\vec{i}+21\vec{k}$

(2) $\vec{u}\cdot(\vec{v}\times\vec{w})=\begin{vmatrix} 1 & 2 & 1 \\ -1 & 3 & 2 \\ 1 & 0 & 3 \end{vmatrix}=(9+0+4)-(3+0-6)=13+3=16$

(3) $\vec{u} \times (\vec{v} \times \vec{w}) = \vec{u} \times \begin{vmatrix} \vec{i} & \vec{j} & \vec{k} \\ -1 & 3 & 2 \\ 1 & 0 & 3 \end{vmatrix} = \vec{u} \times [(9\vec{i} + 2\vec{j}) - (3\vec{k} - 3\vec{j})]$

$= \vec{u} \times (9\vec{i} + 5\vec{j} - 3\vec{k}) = \begin{vmatrix} \vec{i} & \vec{j} & \vec{k} \\ 1 & 2 & 1 \\ 9 & 5 & -3 \end{vmatrix}$

$= (-6\vec{i} + 5\vec{k} + 9\vec{j}) - (18\vec{k} - 3\vec{j} + 5\vec{i})$

$= -11\vec{i} + 12\vec{j} - 13\vec{k}$

● 例題 **2-11**

試檢驗 $\vec{u} = 3\vec{i} - 2\vec{j} + 2\vec{k}$ ， $\vec{v} = \vec{i} + 2\vec{j} + 3\vec{k}$ ， $\vec{w} = 4\vec{i} + 5\vec{k}$ 三個向量是否共面？

(解) $\vec{u} \cdot (\vec{v} \times \vec{w}) = \begin{vmatrix} 3 & -2 & 2 \\ 1 & 2 & 3 \\ 4 & 0 & 5 \end{vmatrix} = 30 + 0 - 24 - 16 + 0 - (-10) = 0$ （三向量共面）

● 例題 **2-12**

試求 $\vec{u} = \vec{i} - \vec{j} + 2\vec{k}$ ， $\vec{v} = 2\vec{i} + 3\vec{j} + \vec{k}$ ， $\vec{w} = \vec{i} + 3\vec{j} + 3\vec{k}$ 三個向量所構成平行六面體的體積？

(解) 體積為 $\vec{u} \cdot (\vec{v} \times \vec{w})$

$\vec{u} \cdot (\vec{v} \times \vec{w}) = \begin{vmatrix} 1 & -1 & 2 \\ 2 & 3 & 1 \\ 1 & 3 & 3 \end{vmatrix} = 9 + 12 - 1 - 6 - 3 - (-6) = 17$

練習題

1. 試求 $\vec{u}=3\vec{i}-2\vec{j}+2\vec{k}$，$\vec{v}=\vec{i}+2\vec{j}+3\vec{k}$，$\vec{w}=\vec{i}+\vec{j}+\vec{k}$ 三個向量所形成之平行六面體體積。

2. 若三個向量 $\vec{u}=3\vec{i}-2\vec{j}+2\vec{k}$，$\vec{v}=\vec{i}+2\vec{j}+3\vec{k}$，$\vec{w}=w_x\vec{i}+w_z\vec{k}$ 共平面，且 $w=5$，試求向量 $\vec{w}$。

3. 由 $(1, 1, 0)$，$(1, 3, 2)$，$(2, 1, 1)$，$(3, 2, 4)$ 四點所形成的任三個向量所構成的平行六面體體積是否相等，試證明之。

4. 試證明三向量 $\vec{u}$，$\vec{v}$，$\vec{w}$ 之三重積有如下之關係
$$\vec{u}\cdot(\vec{v}\times\vec{w})=\vec{v}\cdot(\vec{w}\times\vec{u})=\vec{w}\cdot(\vec{u}\times\vec{v})$$

5. 若 $\vec{u}=2\vec{i}+\vec{j}+2\vec{k}$，$\vec{v}=\vec{i}-2\vec{j}+3\vec{k}$，$\vec{w}=w_x\vec{i}+w_y\vec{j}+w_z\vec{k}$，已知 $\vec{w}$ 和 $\vec{u}$、$\vec{v}$ 兩向量都垂直，且三個向量合成的體積大小為 10，試求 $\vec{w}=?$

課後作業

1. 試求點 $P(3, 4, 3)$ 到平面 $4x + 2y + 5z - 8 = 0$ 的距離。

2. 一個力 $\vec{F} = 10\vec{i} + 20\vec{j} - 30\vec{k}$ （N）作用在寬 1.5m、高 2m 的門板上，若門的旋轉軸在 y 軸上，試求力作用在 A 點對門軸 O 點造成之力矩。

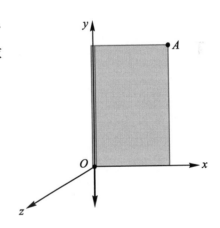

3. 空間中三個點分別為 $A(1, 3, 2)$，$B(2, 2, 1)$，$C(4, 1, 3)$，試求由 A、B、C 三點所構成之平面的
(1)面積　(2)方向。

4. 若向量 $\vec{u}=\vec{i}+2\vec{j}+3\vec{k}$，$\vec{v}=3\vec{i}+v_y\vec{j}+2\vec{k}$，$\vec{w}=4\vec{i}+w_y\vec{j}+5\vec{k}$ 共平面，試求 v_y，w_y。

5. 向量 $\vec{u}=2\vec{i}+3\vec{j}-\vec{k}$，$\vec{v}=(3\vec{i}+2\vec{j}+\vec{k})$，$\vec{w}$ 長度為 3，若要得到三個向量所構成的最大體積，試求 $\vec{w}$？

03

向量分析基礎

學習重點

本章針對空間中的任一個向量，求出其在各坐標軸上的分量，以及該向量和各坐標軸之間的夾角，除此外，也將向量的大小和其方向的求法加以闡明，使向量的運算更加靈活。在向量的合成運算中，利用正弦定理和餘弦定理可以有效簡化問題。其他則以向量正交性質來應用在平面方程式的求取，使原本複雜不易了解的問題，相對變得簡單。

如果我們想描述平面上或空間中的一個向量，不外乎說這個向量有多大？指向為何？因此，我們必需找到一個能分別求出向量大小和方向的方法，然後再把兩者結合在一起，就可以清楚的來表示這個向量了。在直角坐標體系中，一個向量可以被分解成各個坐標軸上的分向量，各個坐標軸上的分向量又可以結合成為空間中原有的向量。因為各軸向分向量彼此間互相垂直，在結合過程中可以應用畢氏定理或三角函數定理來處理。

一　向量在各坐標軸的分量及其夾角

一個向量可以分解成直角坐標上 x 軸、y 軸和 z 軸三個方向的分向量，也就是說，這個向量可以用三個不同軸向的分向量來表示，在前面所學向量的合成與分解過程中，以圖示法來說，它是一種三角形邊與角的關係，也就是可以應用三角函數（trigonometric function）的定義來計算出向量分解後的分向量大小和夾角，相同的，在向量合成的過程中也是如此，可以透過這些數學方法求得合向量大小和方向。

假設有一個向量 $\vec{A}$ 和 x 軸、y 軸與 z 軸之間的夾角分別為 α、β 和 γ，那麼向量 $\vec{A}$ 在各坐標軸上的分向量就可以利用三角函數的定義來逐步分解，然後將其對應到各坐標軸上。當 α、β 和 γ 三個角中有任何一個為零的時候，就代表向量 $\vec{A}$ 是存在一個平面上，稱為平面向量，如圖 3-1，**平面向量和 x 軸、y 軸之間的夾角分別是 α 和 β，很顯然的，此時 α 和 β 的和是 90°，由三角函數定理可以得到向量 $\vec{A}$ 在各軸向上的分向量大小分別是**

$$A_x = A\cos\alpha \; ; \; A_y = A\sin\alpha \quad \textbf{或}$$

$$A_y = A\cos\beta \; ; \; A_x = A\sin\beta$$

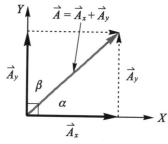

▲圖 3-1　平面向量在各坐標軸的分向量和夾角

上面的關係式中，我們可以選擇適當的任何一組來表示即可，為了能更清楚了解原有向量 $\vec{A}$ 和各坐標軸間夾角 α 和 β 與分向量的關係，我們選用了 $A_x = A\cos\alpha$ 以及 $A_y = A\cos\beta$ 這一組，因 α 和 β 分別是向量 $\vec{A}$ 和 x 軸以及 y 軸之間的夾角，最容易記憶。上面關係式也可以用向量法來表示，亦即 $\vec{A_x} = A\cos\alpha\,\vec{i}$ 和 $\vec{A_y} = A\cos\beta\,\vec{j}$，則 $\vec{A} = A\cos\alpha\,\vec{i} + A\cos\beta\,\vec{j} = A(\cos\alpha\,\vec{i} + \cos\beta\,\vec{j})$

式中清楚的顯示出，一個向量 $\vec{A}$ 在各坐標軸上的分向量 $\vec{A_x}$、$\vec{A_y}$ 是與這個向量和坐標軸之間的夾角 α 和 β 有關。

從向量的定義中，$\vec{A} = A\vec{e}$，比較上式，可知向量 $\vec{A}$ 的方向單位向量 $\vec{e} = \cos\alpha\,\vec{i} + \cos\beta\,\vec{j}$

● 例題 3-1

平面向量大小為 50，向量和 x 軸的夾角為 30°，試求該向量在 x 軸和 y 軸的分向量大小即該向量的方向 $\vec{e}$。

解 平面向量和 x 軸的夾角為 30°，則與 y 軸的夾角為 60°，依據前述公式，可以得到：

$A_x = A\cos\alpha = 50\cos30° = 50 \times 0.866 = 43.3$

$A_y = A\cos\beta = 50\cos60° = 50 \times 0.5 = 25$

$\vec{e} = \cos\alpha\,\vec{i} + \cos\beta\,\vec{j} = 0.866\,\vec{i} + 0.5\,\vec{j}$

● 例題 3-2

向量 $\vec{A} = 5\vec{i} - \vec{j} + 2\vec{k}$，試求其與各坐標軸之夾角？

解 向量大小 $|\vec{A}| = A = \sqrt{5^2 + (-1)^2 + 2^2} = \sqrt{30}$

$\vec{A} = A\vec{e}$，向量方向為 $\vec{e} = \dfrac{\vec{A}}{A}$，得

$\vec{e} = \dfrac{5}{\sqrt{30}}\vec{i} - \dfrac{1}{\sqrt{30}}\vec{j} + \dfrac{2}{\sqrt{30}}\vec{k}$

則與三軸之夾角 α、β、γ 分別為

$\alpha = \cos^{-1}\left(\dfrac{5}{\sqrt{30}}\right) = 24.1°$，$\beta = \cos^{-1}\left(\dfrac{-1}{\sqrt{30}}\right) = 100.5°$，$\gamma = \cos^{-1}\left(\dfrac{2}{\sqrt{30}}\right) = 68.6°$

如果向量存在於三維空間中，它的分解方式和二維空間的情況是一樣的，向量在各軸間的分向量求法也是相同，可以直接將二維平面的結果引伸到三維空間，亦即，當向量 $\vec{A}$ 和 x 軸、y 軸以及 z 軸之間的夾角分別是 α、β 和 γ 時，如圖 3-2，則各坐標軸方向上的分力大小分別為

$$A_x = A\cos\alpha \; ; \; A_y = A\cos\beta \; ; \; A_z = A\cos\gamma$$

或以向量法表示為

$$\vec{A_x} = A\cos\alpha\,\vec{i} \; ; \; \vec{A_y} = A\cos\beta\,\vec{j} \; ; \; \vec{A_z} = A\cos\gamma\,\vec{k} \;\text{，則}$$

$$\vec{A} = A\cos\alpha\,\vec{i} + A\cos\beta\,\vec{j} + A\cos\gamma\,\vec{k}$$

$$= A(\cos\alpha\,\vec{i} + \cos\beta\,\vec{j} + \cos\gamma\,\vec{k})$$

則 $\vec{A}$ 的方向單位向量

$$\vec{e} = \cos\alpha\,\vec{i} + \cos\beta\,\vec{j} + \cos\gamma\,\vec{k}$$

其中 $\cos\alpha$，$\cos\beta$，$\cos\gamma$ 被稱為方向餘弦。

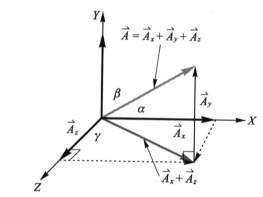

▲圖 3-2　三維空間中向量與各坐標軸間的夾角

在三維空間的應用上，必須注意的是 α、β 和 γ 這三個夾角之間具有一定的相關性，隨意給一組夾角有可能無法滿足上述之關係式，也就是會有矛盾狀況產生，或者此向量不可能存在，確認合理夾角使向量存在是必要的。由定義中，$\vec{e}$ 的大小為 1，亦即 $|\vec{e}| = \sqrt{\cos^2\alpha + \cos^2\beta + \cos^2\gamma} = 1$，故 $\cos^2\alpha + \cos^2\beta + \cos^2\gamma = 1$，可用來作為判斷的依據。

● 例題 **3-3**

一大小為 300N 的力，與 x 軸、y 軸和 z 軸間的夾角分別為 30°、60°、γ，試求該力在各坐標軸上的分力以及該力的單位向量。

(解) 依方向角相互間之關係式 $\cos^2\alpha + \cos^2\beta + \cos^2\gamma = 1$ 可以得到

$\cos^2 30° + \cos^2 60° + \cos^2\gamma = 1$，則

$(\dfrac{\sqrt{3}}{2})^2 + (\dfrac{1}{2})^2 + \cos^2\gamma = 1$，$\dfrac{3}{4} + \dfrac{1}{4} + \cos^2\gamma = 1$

則 $\cos^2\gamma = 0$，$\cos\gamma = 0$，則 $\gamma = 90°$

所以力 $\vec{F}$ 的方向 $\vec{e_F}$ 可以表示為

$\vec{e_F} = \cos 30° \vec{i} + \cos 60° \vec{j} + \cos 90° \vec{k} = 0.866\vec{i} + 0.5\vec{j} + 0\vec{k}$

則力的向量 $\vec{F}$ 可從 $\vec{F} = F\vec{e_F}$ 求得，亦即

$\vec{F} = 300(\cos 30° \vec{i} + \cos 60° \vec{j} + \cos 90° \vec{k}) = 300(0.866\vec{i} + 0.5\vec{j} + 0\vec{k})$

$\quad = 259.8\vec{i} + 150\vec{j} + 0\vec{k}$

● 例題 **3-4**

試求向量 $\vec{A} = 2\vec{i} + \vec{j} + 3\vec{k}$ 之大小、方向及其與 x、y、z 軸間之夾角。

(解) 依前述定義可知

$\vec{A} = A\vec{e}$

$A = |\vec{A}| = \sqrt{2^2 + 1^2 + 3^2} = \sqrt{14}$ （大小）

$\vec{e} = \dfrac{\vec{A}}{A} = \dfrac{2}{\sqrt{14}}\vec{i} + \dfrac{1}{\sqrt{14}}\vec{j} + \dfrac{3}{\sqrt{14}}\vec{k}$ （方向）

且單位向量 $\vec{e}$ 的大小為

$e = |\vec{e}| = \sqrt{(\dfrac{2}{\sqrt{14}})^2 + (\dfrac{1}{\sqrt{14}})^2 + (\dfrac{3}{\sqrt{14}})^2} = 1$

$\cos\alpha = \dfrac{2}{\sqrt{14}}$，$\alpha = 57.7°$

$\cos\beta = \dfrac{1}{\sqrt{14}}$，$\beta = 74.5°$

$\cos\gamma = \dfrac{3}{\sqrt{14}}$，$\gamma = 36.7°$

● 例題 **3-5**

有一條固定在牆上的繩索，被 100N 的作用力往 $\vec{r} = 2\vec{i} - 3\vec{j} + 4\vec{k}$ 的方向拉，試求固定點於牆面垂直方向的受力大小？

(解) $\vec{e_r} = \dfrac{\vec{r}}{r} = \dfrac{2\vec{i} - 3\vec{j} + 4\vec{k}}{\sqrt{2^2 + (-3)^2 + 4^2}} = \dfrac{2}{\sqrt{29}}\vec{i} - \dfrac{3}{\sqrt{29}}\vec{j} + \dfrac{4}{\sqrt{29}}\vec{k}$

$\vec{e_F} = \vec{e_r}$，則 $\vec{F} = F\vec{e_r}$，牆面垂直方向為 z 軸方向，

故垂直方向受力為 $\vec{F_z} = F\vec{e_z} = 100\dfrac{4}{\sqrt{29}}\vec{k} = 74.28\vec{k}$ （N）

● 例題 **3-6**

平面上有一物體以兩條繩索牽引，分別是 300N 於 x 軸上與 500N 於 z 軸上，試求其移動方向？

(解) $\vec{F_x} = 300\vec{i}$

$\vec{F_y} = 500\vec{j}$

合力 $\vec{F} = 300\vec{i} + 500\vec{j}$

合力大小 $F = \sqrt{300^2 + 500^2} = 100\sqrt{34}$

$\vec{e_F} = \dfrac{\vec{F}}{F} = \dfrac{3}{\sqrt{34}}\vec{i} + \dfrac{5}{\sqrt{34}}\vec{j}$

設移動方向與 x 軸之夾角為 α，則

$\cos\alpha = \dfrac{3}{\sqrt{34}}$，$\alpha = 59°$

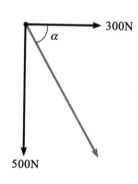

練習題

1. 有一旗桿欲豎立在平地上，以三條繩索牽引，如圖所示，已知三繩索所受到的拉力都是 100N，求 C 點位置之坐標。

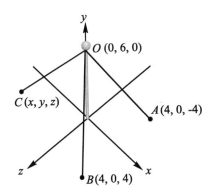

2. 上題中若 OC 繩索最大承受力僅為 80N，則此旗桿可否被豎立起來？若可以，C 點位置應在何處？

3. 第一題中，旗桿對地面的作用力為多少？

4. 第一題中，各繩和平面之間的夾角為多少？

5. 第一題中，如果有風從負 x 方向吹來使旗飄往正 x 方向，若旗子產生的拉力為 20N，此時繩 OC 所承受之拉力為多少？

二　正弦定理與餘弦定理的應用

　　空間中或平面上的兩個不互相垂直向量,無法利用畢氏定理來求其合向量,若向量的大小和彼此之間的夾角有部分為已知數,就可以利用正弦定理(law of sines)或餘弦定理(law of cosines)來求得其合向量或其他未知數,在某些條件下,還可以將正弦定理演變成拉密定理(Lami's theorem),使求解過程變得更為簡單。

　　設 $\vec{A}$ 和 $\vec{B}$ 為空間中的兩個向量,大小分別為 a 和 b,兩者的合向量 $\vec{C}$ 大小為 c,若利用圖示法來表示這三個力的關係,彼此之間應該會形成一個三角形,邊長分別為 a、b 和 c,且邊和邊之間的相關夾角分別為 α、β 和 γ,如圖 3-3,**則這三個向量和這三個夾角之間存在下列關係,稱為正弦定理。**

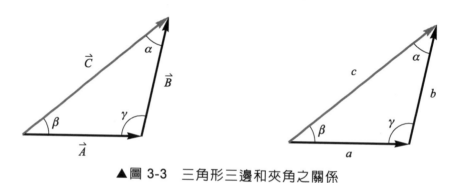

▲圖 3-3　三角形三邊和夾角之關係

$$\frac{a}{\sin \alpha} = \frac{b}{\sin \beta} = \frac{c}{\sin \gamma} \quad \text{(正弦定理)}$$

　　在正弦定理的應用上,如果三角形中「某一邊的邊長和其對應角為已知」,那麼就可以依其他已知的邊長或夾角來求得未知的邊長或夾角。

● 例題 3-7

空間中有大小相等的兩個向量 $\vec{A}$ 和 $\vec{B}$，兩者之間的夾角爲 60°，如果合成後合向量大小爲 100，試求向量大小及其他相關夾角。

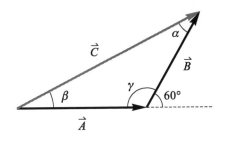

解 兩個向量之間的夾角爲 60°，所以 $\gamma = 180° - 60° = 120°$

又因爲 $\vec{A}$ 和 $\vec{B}$ 大小相等，所以 $\alpha = \beta = 30°$

因爲合向量 $\vec{C}$ 和其對應角 γ 爲已知，因此可以應用正弦定理來得到其它未知的向量或夾角

$$\frac{100}{\sin 120°} = \frac{a}{\sin 30°} = \frac{b}{\sin 30°}$$

得到 $a = b = 100 \times \dfrac{\sin 30°}{\sin 120°} = 57.7$

當向量和合向量之間所構成的三角形不符合上述正弦定理所需的條件時，就沒有辦法應用正弦定理而必須另設它法了。**如果三角形符合「二對應邊的邊長和它的夾角爲已知」的條件，此時可以改應用餘弦定理，一樣可以求得其他未知的邊長或夾角。**

如圖 3-3 所示，設 $\vec{A}$ 和 $\vec{B}$ 爲空間中的兩個向量，大小分別爲 a 和 b，兩者的合向量 $\vec{C}$ 大小爲 c，利用圖示法可以得到彼此間所形成的三角形，邊長分別爲 a、b 和 c，夾角分別爲 α、β 和 γ。圖中，如果任兩個邊的邊長和兩者間的夾角爲已知，那麼第三邊邊長的大小就可以由下列三組關係式求出，稱爲餘弦定理。

$$a^2 = b^2 + c^2 - 2bc\,\cos\alpha \quad \text{（餘弦定理）}$$

$$b^2 = a^2 + c^2 - 2ac\,\cos\beta$$

$$c^2 = a^2 + b^2 - 2ab\,\cos\gamma$$

在某些情況或某些已知條件的限制下，可能無法以單一的正弦定理或餘弦定理來求得所有的未知數，而是需要以正弦定理和餘弦定理交相使用來求得。

● 例題 3-8

試求兩向量之合向量大小？

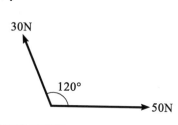

解 設合向量為 $\vec{R}$，大小為 R

$r = 60°$，則

$R^2 = 50^2 + 30^2 - (2 \times 50 \times 30)\cos 60°$

得 $R = 43.59$（N）

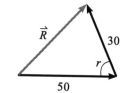

● 例題 3-9

如下圖，在平面上兩個向量之合向量為 200，方向垂直向上，試求向量的大小 A 以及角度 θ 的大小。

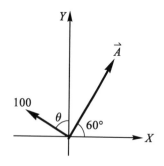
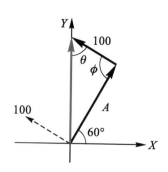

解 將向量以圖示法相加，由正弦定理可以得到

$$\frac{100}{\sin 30°} = \frac{200}{\sin \phi} = \frac{A}{\sin \theta} \text{ ，} \quad \sin \phi = 2 \sin 30° = 2 \times \frac{1}{2} = 1$$

則 $\phi = 90°$ ，$\theta = 60°$

代入上式得

$$\frac{100}{\sin 30°} = \frac{A}{\sin \theta} = \frac{A}{\sin 60°} \text{則} \quad A = \frac{100}{\sin 30°} \times \sin 60° = 173.2$$

● 例題 **3-10**

三個力分別作用在同一個點上達成力的平衡，試以正弦定理求 T_1 和 T_2。

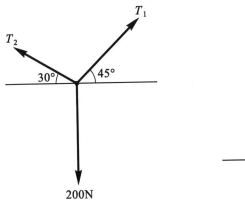 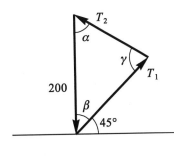

解 由圖中可知 $\beta = 45°$ ，$\gamma = 45° + 30° = 75°$

$\alpha = 180° - 45° - 75° = 60°$

利用正弦定理

$$\frac{T_1}{\sin 60°} = \frac{T_2}{\sin 45°} = \frac{200}{\sin 75°} \text{得}$$

$$T_1 = 200 \frac{\sin 60°}{\sin 75°} = 179.3 \text{（N）}$$

$$T_2 = 200 \frac{\sin 45°}{\sin 75°} = 146.4 \text{（N）}$$

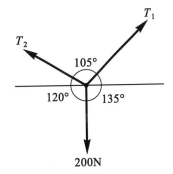

如果直接以上左圖列式，得

$$\frac{T_1}{\sin 120°} = \frac{T_2}{\sin 135°} = \frac{200}{\sin 105°}$$

所得結果與利用正弦定理得到的完全相同，稱為拉密定理（Lami's Theorem）

練習題

1. 如圖所示，空間中 $\vec{A}$，$\vec{B}$ 兩個向量的夾角為 60°，且 $|\vec{A}|=1.2|\vec{B}|$，如果兩向量合成後之大小為 100，試求 $\vec{A}$，$\vec{B}$ 兩向量之大小和其他相關夾角。

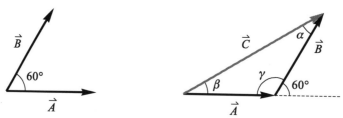

2. 平面上兩個向量 $\vec{A}$，$\vec{B}$，若 $\vec{A}$ 的大小為 10，指向(1, 0)的方向，$\vec{B}$ 的大小為 20，指向(1, 3)的方向，試求合向量大小及其他相關夾角。

3. 兩向量在平面上，夾角為 80°，大小相等，合向量方向朝正 y 方向，試求合向量大小及其他相關夾角。

4. 如圖所示，有重量 100N 的物體以一桿件及軟繩吊掛，試求桿件及軟繩所受到的力。

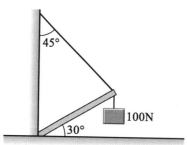

5. 平面上有三個向量如圖所示，若合向量為零，試求向量 $\vec{C}$ 之大小和 θ。

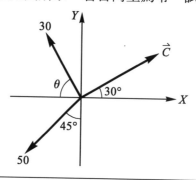

三　空間中向量性質的應用

存在於 3D 空間中的向量具有某些被延伸應用的性質，可以輕易的讓人了解問題或解決問題。

A. 向量的大小

對於向量 $\vec{u} = a\vec{i} + b\vec{j} + c\vec{k}$，若要知道它的大小或長度 u 可利用自身的內積來求，亦即

$$\vec{u} \cdot \vec{u} = u^2 \cos\theta$$

因自身向量的夾角 θ 為 $0°$，$\cos\theta = 1$，所以

$$\vec{u} \cdot \vec{u} = u^2$$

則 $u = \sqrt{u^2} = \sqrt{\vec{u} \cdot \vec{u}}$

● 例題 **3-11**

試求向量 $\vec{u} = 2\vec{i} + \vec{j} - 3\vec{k}$ 之長度。

解　$\vec{u} \cdot \vec{u} = 2 \times 2 + 1 \times 1 + (-3) \cdot (-3) = 14$

則 $u = \sqrt{\vec{u} \cdot \vec{u}} = \sqrt{14}$

B. 向量的正交

兩向量 $\vec{u}$ 和 $\vec{v}$ 正交（orthogonal）是指兩向量互相垂直的意思，也就是二者的夾角 θ 為 $90°$，由向量內積的定義可知，二向量若正交，則其內積為零，亦即

$$\vec{u} \cdot \vec{v} = uv\cos 90° = 0$$

向量正交的性質應用很廣，在求矩陣的特徵向量、線性代數以及諸如傅利葉級數等後續章節中都會用到。

● **例題 3-12**

試求通過 $P_0(2, 3, 1)$ 且垂直於向量 $\vec{u} = \vec{i} + 2\vec{j} - 4\vec{k}$ 之平面。

解 若平面上任何一個向量 $\vec{v}$ 和 $\vec{u}$ 的內積等於零，則代表平面和 $\vec{u}$ 垂直，
設 $P(x, y, z)$ 為平面上的任意一個點，則

$$\vec{V} = \overrightarrow{P_0P} = (x-2)\vec{i} + (y-3)\vec{j} + (z-1)\vec{k}$$

$$\vec{u} \cdot \vec{v} = (1)(x-2) + 2(y-3) + (-4)(z-1) = 0 ，則$$

$$x - 2 + 2y - 6 - 4z + 4 = 0$$

$$x + 2y - 4z - 4 = 0 （平面方程式）$$

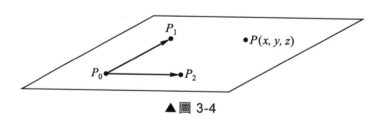

由上述例題中可知，垂直於向量 $\vec{u} = a\vec{i} + b\vec{j} + c\vec{k}$ 的平面方程式為 $ax + by + cz + k = 0$，然後將平面上任一點的坐標值代入就可得到 k。平面方程式如果是利用平面上已知的三個點來求也可以，這三個點可以選一個點當原點，然後得到兩個向量，如圖 3-4。這兩個向量的乘積是垂直於平面且通過原點，就可如上例的方式得到平面方程式了。

▲圖 3-4

圖中，平面上三點 P_0，P_1，P_2，以 P_0 為原點得向量 $\vec{u} = \overrightarrow{P_0P_1}$，$\vec{v} = \overrightarrow{P_0P_2}$，則 $\vec{n} = \vec{u} \times \vec{v}$，垂直於平面，且通過 P_0 點，則另設平面上的任一點 $P(x, y, z)$，得 $\vec{w} = \overrightarrow{P_0P}$，則 $\vec{w} \cdot \vec{n} = 0$，即可求得平面方程式。

● 例題 **3-13**

若三個點 $P_1(1, 2, 1)$、$P_2(3, 1, 1)$、$P_3(x, 2, z)$所形成的平面與 z 軸垂直，試求 x、z 之值？

解　令 $\vec{u} = \overrightarrow{P_1 P_2} = 2\vec{i} - \vec{j} + 0\vec{k}$ ，$\vec{v} = \overrightarrow{P_1 P_3} = (x-1)\vec{i} + 0\vec{j} + (z-1)\vec{k}$

$$\vec{n} = \vec{u} \times \vec{v} = \begin{vmatrix} \vec{i} & \vec{j} & \vec{k} \\ 2 & -1 & 0 \\ (x-1) & 0 & (z-1) \end{vmatrix}$$

$$= (-1)(z-1)\vec{i} + 0\vec{j} + 0\vec{k} - (-1)(x-1)\vec{k} - 2(z-1)\vec{j} + 0\vec{i}$$

$$= (1-z)\vec{i} + (2-2z)\vec{j} + (x-1)\vec{k}$$

平面與 z 軸平行，故僅有 k 方向之向量

則 $z = 1$，x 為任意數（$x \neq 1$）

 練習題 . . . .

1. 試求通過 $P_0(3, 2, 3)$且垂直於向量 $\vec{u} = 3\vec{i} + 5\vec{j} - 2\vec{k}$ 之平面方程式。

2. 試求三個點 $P_1(3, 3, 2)$，$P_2(2, 3, 1)$，$P_3(4, 6, 3)$所構成之平面方程式。

3. 若通過 $P_0(2, 1, 3)$且垂直 $\vec{u} = a\vec{i} + 5\vec{j} + c\vec{k}$ 之平面方程式為 $6x + 3y + 3z + k = 0$，求 $\vec{u}$ 及平面方程式。

4. 試求 $P_0(0, 0, 0)$與另兩點 $P_1(1, 1, 2)$，$P_2(3, 2, 5)$所構成之平面方程式。

5. 若 $\vec{u} = a\vec{i} + b\vec{j} + c\vec{k}$ 與 $\vec{v} = 2\vec{i} - \vec{j} + 3\vec{k}$ 及 $\vec{w} = 3\vec{i} + 2\vec{j} - 2\vec{k}$ 均正交，且其大小 u 等於 5，試求向量 $\vec{u}$ 。

課後作業

1. 空間中的一個向量大小爲 100，該向量和 x 軸的夾角爲 45°，和 y 軸的夾角爲 60°，試求該向量在 x 軸、y 軸和 z 軸的分向量大小以及向量和 z 軸之間的夾角。

2. 有一大小爲 300N 的力，指向 $2\vec{i} - \vec{j} + 2\vec{k}$ 的方向，試求 x 軸、y 軸和 z 軸方向的分力及該力與三個座標軸之夾角。

3. 三條繩索受到的力分別爲 100N，200N 和 300N，試求作用在同一點上三個力的合力及其與 x、y 軸之夾角。

4. 空間中有兩個向量大小分別為 3 和 4，若兩者間的夾角為 60°，試求合向量大小及其他相關夾角。

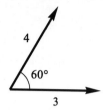 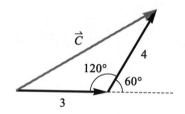

5. 已知三個點 $P_1(1, 2, 1)$，$P_2(3, 3, 4)$，$P_3(4, 5, 3)$，試求此三點所構成平面之方程式。

04

一階線性常微分方程式(一)

本章大綱

一、微分方程式及其階與次
二、微分方程式的通解與特解
三、以分離變數法求解

學習重點

本章定義何為微分方程式，如何產生，代表何種物理意義，並說明如何以適當方法求得其解。求微分方程式的解有許多種方法，端看該方程式的型態。本章針對可直接積分，或經過處理後將變數分離，然後再積分得解之微分方程式，解題方法與程序多透過例題之演算加以闡明，使學生學習後具備最基礎之微分方程式解題能力。

在大部份工程或科學研究中，我們往往對所要探討或解決的問題先做一些合理的假設，然後在這些基礎上建立適當的數學模型，再應用一些數學方法來求得解答。

在建立數學模型時，函數的微分常成為數學中的主要元素，這種包含函數微分項目的數學式或方程式就稱為微分方程式。

一　微分方程式及其階與次

在正式探討如何解微分方程式前，必需先把微分方程式的分類和定義弄清楚，對未來的學習會有助益。一般來說，微分方程式可分為兩大類，包含：

A. 常微分方程式

若微分方程式中只有單獨一個自變數，則稱為常微分方程式，簡記為 ODE。如在物體直線運動中，應變數位移 S 隨自變數時間 t 而變化，記為 $S(t) = S_0 + vt$，此處時間 t 為唯一的自變數。若要求得速度，可以用 dt 時間內移動多少 dS 距離來計算，亦即 $v = \dfrac{dS}{dt}$，則 $dS = vdt$ 就是常微分方程式。這裡的 v 可以是常數，也就是等速運動，也可以隨著時間變化，即 $v = v(t)$。

B. 偏微分方程式

若微分方程式中有二個或二個以上自變數時，則稱為偏微分方程式，簡記為 PDE。假如有一個平板物體，它的溫度和位置有關，亦即 $T = T(x, y)$，則溫度分佈可用 $\dfrac{\partial T}{\partial x} + \dfrac{\partial T}{\partial y} = Q$ 來描述，方程式中應變數 T 分別對 x 和 y 兩個自變數微分，稱為偏微分，微分方程式中若自變數對應變數微分一次稱為一階（order），微分二次則稱為二階，方程式中最高階導函數的次方即稱為該微分方程式的次（degree）。

在某些情況下，微分方程式的自變數只有一個，而應變數卻有兩個或兩個以上，以聯立方程組的型態出現，被稱為聯立常微分方程式，如

$$\begin{cases} \dfrac{dx}{dt} = 2x + y \\ \dfrac{dy}{dt} = x - y \end{cases} \quad 或 \quad \begin{cases} \dfrac{dx}{dt} = \sin x + \cos y \\ \dfrac{dy}{dt} = \cos x - \sin y \end{cases}$$

其中 t 為自變數，x 和 y 兩者都是應變數。

● 例題 4-1

說明下列各微分方程式的階與次：

(1) $dy = 2dx$

(2) $dy = xdx$

(3) $(\dfrac{dy}{dx})^3 + 2y^2 = 3x$

(4) $\dfrac{dy}{dx} = \sqrt{y}$

(5) $\dfrac{d^2 y}{dx^2} + 3y = 2x$

(6) $(\dfrac{d^3 y}{dx^3})^2 + (\dfrac{dy}{dx})^3 + 2y = e^x$

(7) $\dfrac{\partial T}{\partial x} + \dfrac{\partial T}{\partial y} = 1$

(8) $\dfrac{\partial^2 Q}{\partial x^2} + \dfrac{\partial^2 Q}{\partial y^2} + \dfrac{\partial^2 Q}{\partial z^2} = 1$

(9) $\dfrac{dy}{dx} = 2y^2$

(10) $y\dfrac{dy}{dx} = 1$

(11) $\begin{cases} \dfrac{dx}{dt} = x - 2y \\ \dfrac{dy}{dt} = 3x + y \end{cases}$

(12) $\begin{cases} \dfrac{d^2 x}{dt^2} = \cos x + e^y \\ \dfrac{d^2 y}{dt^2} = \sin x - e^y \end{cases}$

解
(1) 一階一次常微分

(2) 一階一次常微分

(3) 一階三次常微分

(4) 一階二次常微分

(5) 二階一次常微分

(6) 三階二次常微分

(7) 一階一次偏微分

(8) 二階一次偏微分

(9) 一階一次常微分

(10) 一階一次常微分

(11) 一階一次聯立常微分

(12) 二階一次聯立常微分

　　當微分方程式中的應變數及其微分均為一次方,且沒有互乘情形,我們稱該微分方程式為線性,否則就是非線性了。如例 4-1 中,3、4、6、9、10 等方程式為非線性,其餘的為線性。非線性微分方程式的求解相對較為困難許多,常以一些假設條件來簡化方程式,使它由非線性變為線性,再以線性微分方程式的解法來求其近似解。

● 例題 **4-2**

牛頓從比薩斜塔上讓物體自由落地,實驗得到重力加速度為 9.8 m/s,試列出其微分方程式。

解 距離對時間微分一次得到速度,微分兩次得到加速度,因此微分方程式為

$$\frac{d^2 y}{dt^2} = -9.8 \ (\text{m/s}^2)$$

二　微分方程式的通解與特解

　　線性微分方程式的解有所謂的通解與特解之分,一般來說,**直接從方程式中解出的稱為通解,其內可能包含有一些任意常數。特解則是把已知的條件或初始條件代入通解中,把常數解出來後所得到的解。至於非線性的微分方程式,通解與特解之外,還可以找到其他與通解不同型式,且可以真正滿足微分方程式的解,被稱為奇解。**

● 例題 **4-3**

物體從高 100m 處以初速度 10m/s 向下丟，試求 $t = 1\text{sec}$ 時該物體之離地高度。

(解) 自由落體的運動方程式為

$$a(t) = \frac{d^2 y}{dt^2} = -9.8 \text{ 或 } \frac{d}{dt}(\frac{dy}{dt}) = -9.8，$$

$$d(\frac{dy}{dt}) = -9.8dt$$

兩邊積分得速度 $v(t) = \frac{dy}{dt} = -9.8t + c$

已知條件為 $t = 0$ 時，$v(0) = -10$，

代入上式得 $v(0) = -10 = -9.8(0) + c$，則 $c = -10$，

故 $\frac{dy}{dt} = -9.8t - 10$

$dy = (-9.8t - 10)dt$，兩邊積分得

$s(t) = y = -4.9t^2 - 10t + c$（位置、通解）

已知條件，$t = 0$ 時，$y = 100$ 代入得

$y(0) = c = 100$，則

$y = -4.9t^2 - 10t + 100$（位置、特解）

當 $t = 1\text{sec}$ 時

$y(1) = -4.9(1)^2 - 10(1) + 100 = 85.1$（m）

● 例題 **4-4**

求下列微分方程式之通解及特解：

(1) $y' = 2x + 1$，$y(1) = 3$

(2) $y' = 3e^x$，$y(0) = 1$

(3) $y'' = 3x$，$y'(0) = 1$，$y(1) = 3$

(解) (1) $\frac{dy}{dx} = 2x + 1$，$dy = (2x + 1)dx$ 兩邊積分得

$y = x^2 + x + c$（通解），

$y(1) = 3$ 代入得

$3 = 1^2 + 1 + c$，$c = 1$，則 $y = x^2 + x + 1$（特解）

(2) $\dfrac{dy}{dx} = 3e^x$ ，$dy = 3e^x dx$ 兩邊積分得

$y = 3e^x + c$ （通解）

$y(0) = 3e^0 + c = 3 + c = 1$ ，$c = -2$ 代入得

$y = 3e^x - 2$ （特解）

(3) $\dfrac{d}{dx}(\dfrac{dy}{dx}) = 3x$ ，$d(\dfrac{dy}{dx}) = 3x\,dx$ 兩邊積分得

$\dfrac{dy}{dx} = y' = \dfrac{3}{2}x^2 + c$ ，$y'(0) = 1$ 代入

$y' = \dfrac{3}{2}(0)^2 + c = 1$ ，得 $c = 1$ 則

$y' = \dfrac{3}{2}x^2 + 1$ ，$\dfrac{dy}{dx} = \dfrac{3}{2}x^2 + 1$ ，則

$dy = (\dfrac{3}{2}x^2 + 1)\,dx$ ，兩邊積分得

$y = \dfrac{1}{2}x^3 + x + c$ （通解），

$y(1) = 3$ 代入得

$y(1) = \dfrac{1}{2}(1^2) + 1 + c = 3$ ，則 $c = \dfrac{3}{2}$ ，代入

$y = \dfrac{1}{2}x^3 + x + \dfrac{3}{2}$ （特解）

● 例題 **4-5**

把物體從 300m 高之處，以自由落體落下，求經過 5sec 後該物體之速度以及物體離地之高度？又該物體撞及地面時之時間和速度為何？

解 (1) 自由落體之微分方程式為

$\dfrac{d^2 y}{dt^2} = -9.8$ ，初始條件為 $v(0) = 0$ ，$S(0) = 300$ ，

兩邊積分得 $v(t) = \dfrac{dy}{dt} = -9.8t + c$ （通解）

(2) $v(0) = 0$ 代入得 $0 = -9.8(0) + c$ ，則 $c = 0$

故速度為

$v(t) = \dfrac{dy}{dt} = -9.8t$ （特解）

當 $t = 5$ ，$v(t) = -9.8 \times 5 = -49$ （m/s）

(3) $S(t) = y = -4.9t^2 + c$（通解）

$S(0) = 300$ 代入得 $300 = -4.9(0) + c$

得 $c = 300$，故

$S(t) = y = -4.9t^2 + 300$（特解）

(4) 當 $t = 5$ 時，離地高度

$y = -4.9 \times 5^2 + 300 = 177.5$（m）

(5) 物體撞及地面時 $y = 0$，則

$0 = -4.9t^2 + 300$，解得 $t = 7.82$（sec）

速度 $v = -9.8t = -76.68$（m/s）

● 例題 4-6

直線運動的物體以 $0.2t$ m/s^2 的加速度從靜止處往前移動，試列出其微分方程式並求移動 10m 時物體之速度。

解 依加速度之定義，$a = \dfrac{d^2S}{dt^2}$，則 $\dfrac{d^2S}{dt^2} = 0.2t$ 為其微分方程式，

初始條件為 $v(t = 0) = 0$，$S(t = 0) = 0$

因 $v(t) = \int a \, dt = \int_0^t (0.2t) \, dt = 0.1t^2$

$S(t) = \int v \, dt = \int_0^t (0.1t^2) \, dt = \dfrac{0.1}{3} t^3$

當 $S = 10$，$\dfrac{0.1}{3} t^3 = 10$，則 $t \approx 6.694$（sec）

$v = 0.1t^2 = 0.1(6.694)^2 \approx 4.481$（m/s）

練習題

1. 試求各一階微分方程式之通解及特解：

(1) $\dfrac{dy}{dx} = 3x^3 + 2x$，$y(1) = 3$

(2) $\dfrac{dy}{dx} = 2x + e^x$，$y(0) = 2$

(3) $\dfrac{dy}{dx} = \ln x + 1$，$y(1) = 1$

2. 試求各二階微分方程式的通解及特解：

(1) $y'' = 4x^3 + 2x^2$，$y'(0) = 1$，$y(0) = 2$

(2) $y'' = 2e^x + x$，$y'(0) = 1$，$y(0) = 2$

(3) $y'' = 2\ln x + x^2$，$y(1) = 0$，$y(1) = 0$

3. 火箭以初速度 100m/s 向上發射，試建立其數學模型以求 $t = 10\text{sec}$ 時之速度和高度。

4. 火炮自高 200m 的山頂上水平射出，初速度為 100m/s，試建立其數學模型，並求火炮落地時間及其水平距離。

5. 試求各高階微分方程式之通解：

(1) $y''' = x^2 + 2$ (2) $y''' = e^x + 1$ (3) $y''' = \ln x + 1$

三　以分離變數法求解

微分方程式中，若可以將應變數和自變數完全分開兩邊，則兩邊可以直接積分求解，稱為分離變數法，分離變數之型態有兩種，一種是變數已經分開的標準型，另一種是必需稍微加以處理變數就可分開的全微型態。

1. $f(x)\,dx + h(y)\,dy = 0$　**變數已分離，直接積分即可得解。**

2. $M_1(x)M_2(y)\,dx + N_1(x)N_2(y)\,dy = 0$

   將兩邊除以 $N_1(x)M_2(y)$ 得

   $$\frac{M_1(x)}{N_1(x)}\,dx + \frac{N_2(y)}{M_2(y)}\,dy = 0$$

   變數已分離，直接積分即可得解。

● 例題 **4-7**

試解下列微分方程式：

(1) $y' = 2x + 3$　(2) $x^2\,dx + dy = 0$　(3) $y\,dx + x\,dy = 0$　(4) $e^y\,dx + e^x\,dy = 0$

(5) $(y + 1)y' + 2x = 0$

解 (1) $\dfrac{dy}{dx} = 2x + 3$

　　　$dy = (2x + 3)dx$

　　　變數已分離，可以直接積分求解
　　　$\int dy = \int(2x+3)dx$，得 $y = x^2 + 3x + c$（通解）

(2) $x^2\,dx + dy = 0$ 變數已分離，可以直接積分求解

　　　$\int x^2\,dx + \int dy = 0$，得 $y = -\dfrac{1}{3}x^3 + c$（通解）

(3) $y\,dx + x\,dy = 0$ 同除以 xy 得

　　　$\dfrac{dx}{x} + \dfrac{dy}{y} = 0$，變數已分離，可以直接積分求解

　　　$\int \dfrac{dx}{x} + \int \dfrac{dy}{y} = 0$，得 $\ln|x| + \ln|y| = c$（通解）

(4) $e^y\,dx + e^x\,dy = 0$

同除以 $e^x e^y$ 得 $\dfrac{dx}{e^x} + \dfrac{dy}{e^y} = 0$

$e^{-x}\,dx + e^{-y}\,dy = 0$，

變數已分離，可以直接積分求解

$\int e^{-x}\,dx + \int e^{-y}\,dy = c$

得 $-e^{-x} - e^{-y} + c = 0$ 或 $e^{-x} + e^{-y} = c$（通解）

(5) $(y+1)y' + 2x = 0$

$\Rightarrow (y+1)\dfrac{dy}{dx} = -2x$

$\Rightarrow (y+1)\,dy = -2x\,dx$

$\Rightarrow \int (y+1)\,dy = -\int 2x\,dx$

$\Rightarrow \dfrac{1}{2}y^2 + y = -x^2 + c$

則 $\dfrac{1}{2}y^2 + y + x^2 = c$ 為其解

● 例題 4-8

若上例題中之已知條件為 $y(1) = 1$，試求各微分方程式之特解。

解 (1) $y(x) = x^2 + 3x + c$

$\Rightarrow y(1) = 4 + c = 1$，

得 $c = -3$

則 $y = x^2 + 3x - 3$ 為其特解

(2) $y(x) = -\dfrac{1}{3}x^3 + c$

$\Rightarrow y(1) = -\dfrac{1}{3} + c = 1$，

得 $c = \dfrac{4}{3}$

則 $y = -\dfrac{1}{3}x^3 + \dfrac{4}{3}$ 為其特解

(3) $\ln|x| + \ln|y| = \ln|xy| = c$

$\Rightarrow e^{\ln|xy|} = e^c \Rightarrow |xy| = e^c \Rightarrow xy = c'$

$\Rightarrow y = \dfrac{c'}{x} \Rightarrow 1 = \dfrac{c'}{1}$，得 $c' = 1$

則 $y = \dfrac{1}{x}$ 為其特解

(4) $e^{-x} + e^{-y} = c \Rightarrow 1 + e^{x-y} = ce^x$

$\Rightarrow x - y = \ln(ce^x - 1) \Rightarrow y = x - \ln(ce^x - 1)$

$\Rightarrow 1 = 1 - \ln(ce - 1)$

$\Rightarrow \ln(ce - 1) = 0$，得 $c = \dfrac{2}{e}$

則 $y = x - \ln(2e^{x-1} - 1)$ 為其特解

(5) $\dfrac{1}{2}y^2 + y + x^2 = c$

$\Rightarrow y^2 + 2y = 2(c - x^2)$

$\Rightarrow y^2 + 2y + 1 = -2x^2 + 2c + 1$

$\Rightarrow (y + 1)^2 = -2x^2 + 2c + 1$

$\Rightarrow y + 1 = (-2x^2 + 2c + 1)^{\frac{1}{2}}$

$\Rightarrow y = (-2x^2 + 2c + 1)^{\frac{1}{2}} - 1$

$y(1) = (-2 + 1 + 2c)^{\frac{1}{2}} - 1 = 1$

$\Rightarrow (-1 + 2c)^{\frac{1}{2}} = 2$

$\Rightarrow -1 + 2c = 4 \Rightarrow 2c = 5$

得 $c = \dfrac{5}{2}$

則 $\dfrac{1}{2}y^2 + y + x^2 = \dfrac{5}{2}$ 為其特解

　　微分方程式的通解如果呈現 $y = f(x)$ 的函數關係，如例題 4-7 中(1)(2)之情況，稱為顯函數，一般來說，標準型微分方程式的通解大都是顯函數。另一種通解以 $f(x, y) = 0$ 的型式呈現，稱為隱函數，如例題 4-7 中(3)(4)(5)之情況，一般來說，全微型微分方程式的通解都會以隱函數型態呈現。以隱函數呈現的通解在大多數情況下都可以進一步化簡為顯函數，端看是否有此必要。如例題 4-7 的

(3) $\ln|x| + \ln|y| = c$ 可化為 $\ln|xy| = c$

$e^{\ln|xy|} = e^c$，則 $|xy| = e^c$，$xy = c'$

$y = \dfrac{c'}{x}$（顯函數）（$c' = \pm e^c$）

(4) $e^{-x} + e^{-y} = c$

$\Rightarrow 1 + e^{x-y} = ce^x$

$\Rightarrow x - y = \ln(ce^x - 1)$，則 $y = x - \ln(ce^x - 1)$

● 例題 **4-9**

求下列微分方程式的通解：

(1) $(x^2 + 1)dy + xe^y\,dx = 0$

(2) $(x + 1)y\,dy + 3dx = 0$

解 (1) $(x^2 + 1)\,dy + xe^y\,dx = 0$

兩邊同除以 $e^y(x^2 + 1)$ 得

$\dfrac{dy}{e^y} + \dfrac{x}{x^2 + 1}dx = 0$，

變數已分離，可直接積分求解

$e^{-y}\,dy + \dfrac{1}{2(x^2 + 1)}d(x^2 + 1) = 0$

兩邊積分得

$-e^{-y} + \dfrac{1}{2}\ln|x^2 + 1| = c$ 或 $e^{-y} - \dfrac{1}{2}\ln|x^2 + 1| = c$

(2) $(x + 1)y\,dy + 3\,dx = 0$

兩邊同除以 $x + 1$ 得

$y\,dy + \dfrac{3}{x+1}dx = 0$

變數已分離，可直接積分求解

兩邊積分得 $\dfrac{1}{2}y^2 + 3\ln(x+1) = c$

● 例題 4-10

若上例題中之初始條件為 $y(0) = 1$，求方程式之特解。

解 (1) $e^{-y} - \dfrac{1}{2}\ln(x^2 + 1) = c$

$\Rightarrow e^{-1} - \dfrac{1}{2}\ln(0 + 1) = c \Rightarrow c = e^{-1}$

則 $e^{-y} - \dfrac{1}{2}\ln(x^2 + 1) = \dfrac{1}{e}$ 為其特解

(2) $\dfrac{1}{2}y^2 + 3\ln(x + 1) = c$

$\Rightarrow \dfrac{1}{2} + 3\ln 1 = c$，$c = \dfrac{1}{2}$

則 $\dfrac{1}{2}y^2 + 3\ln(x + 1) = \dfrac{1}{2}$ 為其特解

● 例題 4-11

求微分方程式 $(1 + x^2)\, e^y\, dy - 2x\, dx = 0$ 的通解。

解 $(1 + x^2)\, e^y\, dy - 2x\, dx = 0$

原式除以 $(1 + x^2)$ 得 $e^y dy - \dfrac{2x}{1 + x^2} dx = 0$

積分得 $\displaystyle\int e^y\, dy - \int \dfrac{2x}{1 + x^2}\, dx = 0$

$\displaystyle\int e^y\, dy - \int \dfrac{1}{1 + x^2}\, d(1 + x^2) = 0$，

得 $e^y - \ln(1 + x^2) = c$ 為其通解。

● 例題 4-12

上例題中，若 $y(\sqrt{2}) = 1$，求其特解。

解 $e^y - \ln(1 + x^2) = c$，$x = \sqrt{2}$ 時 $y = 1$，代入得

$e - \ln(1 + 2) = c$，得 $c = 1.62$

特解為 $e^y - \ln(1 + x^2) = 1.62$

● 例題 **4-13**

求微分方程式 $2y(x-1)\,dy-(y^2+1)\,dx=0$ 的通解。

解 $2y(x-1)\,dy-(y^2+1)\,dx=0$

原式除以$(x-1)(y^2+1)$得 $\dfrac{2y}{y^2+1}\,dy-\dfrac{1}{x-1}\,dx=0$

積分得 $\displaystyle\int\dfrac{2y}{y^2+1}\,dy-\int\dfrac{1}{x-1}\,dx=0$

$\displaystyle\int\dfrac{1}{y^2+1}\,d(y^2+1)-\int\dfrac{1}{x-1}\,d(x-1)=0$

得 $\ln(y^2+1)-\ln(x-1)=c_0$ 為其通解。

 練習題

1. 試求下列各微分方程式之通解：

(1) $y'=x^2+e^{2x}$

(2) $y'=3x^2+\cos 3x$

(3) $y'=e^{2x}+\sin 2x$

(4) $y'=2(\ln x^2)+3$

(5) $xy'=2x+1$

(6) $(x+xy)y'=2xy$

(7) $\dfrac{1}{x}y'=2e^{x^2}$

(8) $xy'\cos y=1$

2. 上題中若 $y(0)=1$，求各微分方程式之特解。

3. 試求下列各微分方程式之通解：

(1) $y\,dx+e^x\,dy=0$

(2) $xy\,dx+\cos x^2\,dy=0$

(3) $xy^2\,dx+(1+x^2)\,dy=0$

(4) $\ln x^y\,dx+3\,dy=0$

4. 將上題中得到之解化簡為顯函數型式。

5. 上題中若 $y(0)=1$，求各微分方程式之特解。

課後作業

1.　求 $y' = \dfrac{y}{x+1}$ 之通解及 $y(1) = 1$ 條件下之特解。

2.　求 $xy'\cos y + x = 0$ 之通解及 $y(1) = 1$ 條件下之特解。

3.　求 $y'\sin y + e^x = 0$ 之通解及 $y(1) = 1$ 條件下之特解。

4. 求微分方程式 $2x(y^2 + 1)\,dx + y(x^2 - 2)\,dy = 0$ 的通解，以及 $y(1) = \sqrt{2}$ 時之特解。

5. 求微分方程式 $x^2 y' + 2(x - 1)y^2 = 0$ 之通解及 $y(1) = \sqrt{2}$ 時之特解。

05

一階線性常微分方程式(二)

本章大綱

一、齊次型微分方程式的解

二、具有 $y \cdot f(x, y)\, dx + x \cdot g(x, y)\, dy = 0$ 型態微分方程式的解

三、具有 $y' = f(ax + by)$ 型態微分方程式的解

四、正合微分方程式的解

學習重點

本章針對齊次微分方程式，以及具有 $y \cdot f(x, y)\, dx + x \cdot g(x, y)\, dy = 0$，和具有 $y' = f(ax + by)$ 特定型態微分方程式的求解方法加以介紹，使學習者對微分方程式的解題技巧能更深入。此外，對於直接求解較為困難的微分方程式，可以設法將其化為正合型態，以求得其解。

　　有些常微分方程式表面上無法將變數分離，但經過變數轉換以後即可變為可分離變數之型態，再以分離變數法求解。

一　齊次型微分方程式的解

　　若一階微分方程式 $M(x, y) \, dx + N(x, y) \, dy = 0$ 無法分離變數，但如果 $M(x, y)$ 和 $N(x, y)$ 兩者之 x，y 次方相同，稱為齊次方程式，則可經由變數轉換使得原方程式變成可分離變數之型態，程序與方法為

1. 先將方程式化為 $\dfrac{dy}{dx} = f(\dfrac{y}{x})$ 之型式。

2. 令 $u = \dfrac{y}{x}$，則 $y = ux$，

   $dy = d(ux) = u \, dx + x \, du$

3. 代入原方程式並化簡，該方程式即變為可分離變數之方程式。

4. 求解後將 u 以 $\dfrac{y}{x}$ 代回，即得其通解。

● 例題 **5-1**

試求 $y' = \dfrac{y}{x} + 2(\dfrac{y}{x})^2$ 之通解。

解 原方程式改寫為 $\dfrac{dy}{dx} = f(\dfrac{y}{x})$ 型態，故為齊次方程式

(1) $\dfrac{dy}{dx} = (\dfrac{y}{x}) + 2(\dfrac{y}{x})^2$

　　$dy = [(\dfrac{y}{x}) + 2(\dfrac{y}{x})^2] \, dx$，

(2) 令 $u = \dfrac{y}{x}$，$y = ux$，$dy = u \, dx + x \, du$

(3) 代入上式得

$u\,dx + x\,du = (u + 2u^2)\,dx$

$x\,du = (u + 2u^2)\,dx - u\,dx$

$x\,du = (u + 2u^2 - u)\,dx$

$x\,du = 2u^2\,dx$ 兩邊同除以 $2u^2x$ 得 $\dfrac{du}{2u^2} = \dfrac{dx}{x}$，

兩邊積分得 $\dfrac{1}{2}\int u^{-2}\,du = \int \dfrac{1}{x}\,dx$，$-\dfrac{1}{2}u^{-1} = \ln x + c$

(4) 將 $u = \dfrac{y}{x}$ 代入得 $-\dfrac{1}{2}(\dfrac{y}{x})^{-1} = \ln x + c$

$-\dfrac{1}{2}\dfrac{x}{y} = \ln x + c$，則 $\ln x + \dfrac{1}{2}\dfrac{x}{y} + x = 0$ （通解）

● 例題 **5-2**

求 $xy\,dx - (x^2 - y^2)\,dy = 0$ 之通解。

解 表面上無法看出其為 $\dfrac{y}{x}$ 之型態，但稍加處理即可顯現。

(1) $xy\,dx - (x^2 - y^2)\,dy = 0$，兩邊同時除以 x^2 得

$\dfrac{xy}{x^2}\,dx - (\dfrac{x^2 - y^2}{x^2})\,dy = 0$ 消去後得

$\dfrac{y}{x}\,dx - [1 - (\dfrac{y}{x})^2]\,dy = 0$

(2) 令 $u = \dfrac{y}{x}$，$y = ux$，$dy = u\,dx + x\,du$，代入得

(3) $u\,dx - (1 - u^2)\,dy = 0$

$dy = \dfrac{u}{1 - u^2}\,dx$，則 $u\,dx + x\,du = \dfrac{u}{1 - u^2}\,dx$

$x\,du = (\dfrac{u}{1 - u^2} - u)\,dx = \dfrac{u - (u - u^3)}{1 - u^2}\,dx$

$x\,du = \dfrac{u^3}{1 - u^2}\,dx$，得 $\dfrac{1 - u^2}{u^3}\,du = \dfrac{1}{x}\,dx$

兩邊積分則 $\int(\dfrac{1}{u^3} - \dfrac{1}{u})\,du = \int \dfrac{1}{x}\,dx$，$-\dfrac{1}{2}u^{-2} - \ln u = \ln x + c$

(4) $u = \dfrac{y}{x}$ 代入得 $\ln x + \dfrac{1}{2}(\dfrac{x}{y})^2 + \ln(\dfrac{y}{x}) + c = 0$ （通解）

● 例題 **5-3**

求 $x^2y' + xy = 0$ 之通解。

解 方程式為齊次，故

$y' + \dfrac{xy}{x^2} = 0$

$\dfrac{dy}{dx} + \dfrac{y}{x} = 0$，$dy = -\dfrac{y}{x}dx$

令 $u = \dfrac{y}{x}$，$y = ux$，$dy = u\,dx + x\,du$

代入上式得

$u\,dx + x\,du = -u\,dx$

$\Rightarrow x\,du = -2u\,dx$

$\Rightarrow \dfrac{du}{u} = \dfrac{-2\,dx}{x}$

兩邊積分得

$\ln|u| = -2\ln|x| + c$

將 $u = \dfrac{y}{x}$ 代入得

$\ln\left|\dfrac{y}{x}\right| = -2\ln|x| + c$

$\Rightarrow (\ln|y| - \ln|x|) + 2\ln|x| = c$

$\Rightarrow \ln|y| + \ln|x| = c$（通解）

二　具有 $y \cdot f(x, y)dx + x \cdot g(x, y)dy = 0$ 型態微分方程式的解

解此類型之微分方程式方法如下：

1. **令** $u = xy$，$y = \dfrac{u}{x}$，**則** $dy = d\left(\dfrac{u}{x}\right) = \dfrac{x\,du - u\,dx}{x^2}$ 。

2. **代入原方程式後化簡得到分離變數型態之方程式。**

3. **求解後將** $u = xy$ **代回原方程式，即得其通解。**

● 例題 **5-4**

求 $y(1 + xy)\,dx + x(1 - x^2y^2)\,dy = 0$ 之通解。

解　令 $u = xy$，$y = \dfrac{u}{x}$，$dy = \dfrac{x\,du - u\,dx}{x^2}$，代入得

$y(1 + u)\,dx + x(1 - u^2)\,dy = 0$

$y(1+u)dx + x(1-u^2)\dfrac{x\,du - u\,dx}{x^2} = 0$ 化簡得

$\dfrac{u}{x}(1+u)\,dx + \dfrac{x(1-u^2)(x\,du - u\,dx)}{x^2} = 0$

兩邊同乘以 x 得

$u(1 + u)\,dx + (1 - u^2)x\,du - (1 - u^2)u\,dx = 0$

$(1 - u^2)x\,du + [u(1 + u) - (1 - u^2)u]\,dx = 0$

$(1 - u^2)x\,du + [u^2(1 + u)]\,dx = 0$

$\dfrac{1-u^2}{u^2(1+u)}\,du + \dfrac{1}{x}\,dx = 0$

$\dfrac{1-u}{u^2}\,du + \dfrac{1}{x}\,dx = 0$，$\dfrac{1}{u^2}\,du - \dfrac{1}{u}\,du + \dfrac{1}{x}\,dx = 0$

兩邊積分得 $-u^{-1} - \ln u + \ln x = c$

$u = xy$ 代入得 $\ln|x| - \ln|xy| - \dfrac{1}{xy} = c$ （通解）

● 例題 **5-5**

求 $y(1 - xy)\,dx + x\,dy = 0$ 之通解。

解　令 $u = xy$，$y = \dfrac{u}{x}$

$dy = d\left(\dfrac{u}{x}\right) = \dfrac{x\,du - u\,dx}{x^2}$，代入得

$\dfrac{u}{x}(1-u)\,dx + x\dfrac{x\,du - u\,dx}{x^2} = 0$，化簡得

$u(1 - u)\,dx + (x\,du - u\,dx) = 0$

$u(1 - u)\,dx + x\,du - u\,dx = 0$

$$[(u - u^2) - u]\,dx + x\,du = 0$$

$$-u^2 dx + x\,du = 0，\quad \frac{dx}{x} - \frac{du}{u^2} = 0$$

積分得 $\ln|x| - (-\dfrac{1}{u}) = c$

$$\ln|x| + \frac{1}{u} = c$$

$u = xy$ 代入得

$$\ln|x| + \frac{1}{xy} = c \quad （通解）$$

● 例題 5-6

求 $y\,dx + (x^2 y + x)\,dy = 0$ 之通解。

解 方程式可改變為 $y\,dx + x(xy + 1)\,dy = 0$

令 $u = xy$，$y = \dfrac{u}{x}$，$dy = \dfrac{x\,du - u\,dx}{x^2}$ 代入得

$\dfrac{u}{x}\,dx + x(u+1)\dfrac{x\,du - u\,dx}{x^2} = 0$，兩邊乘以 x 得

$$u\,dx + (u + 1)(x\,du - u\,dx) = 0$$

$u\,dx + x(u + 1)\,du - u(u + 1)\,dx = 0$ 化簡得

$$x(u + 1)\,du - u^2\,dx = 0$$

$$\frac{dx}{x} - \frac{u+1}{u^2}\,du = 0$$

$\dfrac{dx}{x} - \dfrac{1}{u}\,du - \dfrac{1}{u^2}\,du = 0$ 積分得

$\ln|x| - \ln|u| + \dfrac{1}{u} = c$，$u = xy$ 代入得

$\ln|x| - \ln|xy| + \dfrac{1}{xy} = c$ 為其通解

三 具有 $y' = f(ax + by)$ 型態微分方程式的解

解此類型之微分方程式程序與方法如下：

1. **令 $u = ax + by$，則 $y = \dfrac{u - ax}{b}$，$dy = \dfrac{du - a\,dx}{b}$。**

2. **代入原方程式即可分離變數。**

3. **求解後將 $u = ax + by$ 代回原式即得方程式之通解。**

● 例題 5-7

求 $y' = (x + y)$ 之通解。

解 $y' = (x + y)$，$dy = (x + y)\,dx$

   (1) 令 $u = x + y$，則 $du = dx + dy$

      $dy = du - dx$，代入原式得

   (2) $du - dx = u\,dx$，

      $du = (u + 1)\,dx$，

      $\dfrac{du}{u + 1} = dx$ 兩邊積分得

      $\displaystyle\int \dfrac{1}{u + 1}\,du = \int dx$，$\ln(u + 1) = x + c$

   (3) $u = x + y$ 代入

      $\ln[(x + y) + 1] = x + c$

      $x = \ln[(x + y) + 1] + c$（通解）

● 例題 5-8

求 $(x + y - 1)\,dx + (2x + 2y - 1)\,dy = 0$ 之通解。

解 (1) 令 $u = x + y$，$y = u - x$，$dy = du - dx$，代入

   (2) 得 $(u - 1)dx + (2u - 1)\,dy = 0$

      則 $(u - 1)\,dx + (2u - 1)(du - dx) = 0$

$(u - 1)\, dx + (2u - 1)\, du - (2u - 1)\, dx = 0$

$[(u - 1) - (2u - 1)]\, dx + (2u - 1)\, du = 0$

$-u\, dx + (2u - 1)\, du = 0$

$dx - \dfrac{2u - 1}{u}\, du = 0\, 0$

$dx - 2\, du + \dfrac{1}{u}\, du = 0\, 積分得$

$x - 2u + \ln u = c$

(3) $u = x + y$ 代入得

$x - 2(x + y) + \ln(x + y) = c$

$-x - 2y + \ln(x + y) = c$

$x + 2y - \ln(x + y) + c = 0$（通解）

● 例題 **5-9**

求 $(x + 2y - 1)\, dx + (3x + 6y - 3)\, dy = 0$ 之通解。

解 將方程式化簡為

$(x + 2y - 1)\, dx + 3(x + 2y - 1)\, dy = 0$

$(x + 2y - 1)(dx + 3dy) = 0$ 則可直接得

$x + 2y - 1 = 0$（特解）

$dx + 3dy = 0$ 積分得

$x + 3y = c$（通解）

本題雖也符合 $y' = f(ax + by)$ 之型態，

唯可輕易化簡並求得解，不必變數轉換。

練習題

1. 求下列微分方程式的解:

   (1) $x^2 y' = y^2 - \dfrac{y^3}{x}$

   (2) $(x^2 + y^2)\, dx + xy\, dy = 0$

   (3) $(x + y)\, dx + dy = 0$

2. 求下列微分方程式的解:

   (1) $y(1 - x^2 y^2)\, dx - x(1 + x^2 y^2)\, dy = 0$

   (2) $(y - xy^2)\, dx + (x^2 y - x)\, dy = 0$

   (3) $2y\, dx - (x + y)\, dy = 0$

3. 求下列微分方程式的解:

   (1) $y' = 3x + 2y$

   (2) $y' = e^{2x + y}$

   (3) $(x + 2y)\, dx + (2x + 4y + 1)\, dy = 0$

四　正合微分方程式的解

當微分方程式的型態為

$$M(x, y)\, dx + N(x, y)\, dy = 0$$

且存在一函數 $u(x, y)$ **使得具有** $\dfrac{\partial u}{\partial x} = M$ **，** $\dfrac{\partial u}{\partial y} = N$ **時，該微分方程式即稱為正合**

微分方程式，而 $u(x, y) = c$ **即為該方程式的通解。**

若 $\dfrac{\partial u}{\partial x} = M$ ，則 $\dfrac{\partial M}{\partial y} = \dfrac{\partial}{\partial y}(\dfrac{\partial u}{\partial x}) = \dfrac{\partial^2 u}{\partial x \partial y}$

$\dfrac{\partial u}{\partial y} = N$ ，則 $\dfrac{\partial N}{\partial x} = \dfrac{\partial}{\partial x}(\dfrac{\partial u}{\partial y}) = \dfrac{\partial^2 u}{\partial x \partial y}$

因此微分方程式若滿足 $\dfrac{\partial M}{\partial y} = \dfrac{\partial N}{\partial x}$ 條件即為正合微分方程式。

若微分方程式 $M\, dx + N\, dy$ 為正合，則

$\dfrac{\partial u}{\partial x} = M$ **，積分得** $u = \displaystyle\int_{y=c} M\, dx + K(y)$

$\dfrac{\partial u}{\partial y} = N$ **，積分得** $u = \displaystyle\int_{x=c} N\, dy + H(x)$

可以藉由上列二式之比較求得通解 $u(x, y)$ **。**

● 例題 5-10

求微分方程式 $(2xy + 2)\, dx + (x^2 + 3)\, dy = 0$ 之通解。

解 符合 $M(x, y)\, dx + N(x, y)\, dy = 0$ ，即 $M(x, y) = 2xy + 2$ ， $N(x, y) = x^2 + 3$

$\dfrac{\partial M}{\partial y} = 2x$ ， $\dfrac{\partial N}{\partial x} = 2x$ ，兩者相等，正合

$\dfrac{\partial u}{\partial x} = M$ ，則 $\displaystyle\int du = \int_{y=c} (2xy + 2)\, dx$ 得 $u = x^2 y + 2x + K(y) \cdots$ ①

$\dfrac{\partial u}{\partial y} = N$ ，則 $\displaystyle\int du = \int_{x=c} (x^2 + 3)\, dy$ 得 $u = x^2 y + 3y + H(x) \cdots$ ②

比較①，②得 $K(y) = 3y$ ， $H(x) = 2x$ ，則 $x^2 y + 2x + 3y = c$ 為其通解

● 例題 **5-11**

求微分方程式 $y\,dx + x\,dy = 0$ 之通解。

解 $M = y$，$N = x$，$\dfrac{\partial M}{\partial y} = 1$，$\dfrac{\partial N}{\partial x} = 1$，兩者相等，正合

$$\frac{\partial u}{\partial x} = M，\quad \int du = \int M dx = \int y dx = xy + K(y)\cdots ①$$

$$\frac{\partial u}{\partial y} = N，\quad \int du = \int N dy = \int x dy = xy + H(x)\cdots ②$$

比較①，②得 $K(y) = 0$，$H(x) = 0$，則 $u(x, y) = xy$，得 $xy = c$ 為其通解

● 例題 **5-12**

求微分方程式 $(e^{-x} + e^y)\,dx + (xe^y)\,dy = 0$ 之通解。

解 $M(x, y) = e^{-x} + e^y$，$N(x, y) = xe^y$

$\dfrac{\partial M}{\partial y} = e^y$，$\dfrac{\partial N}{\partial x} = e^y$，兩者相等，正合

$$\frac{\partial u}{\partial x} = M，\quad \int du = \int M\,dx = \int (e^{-x} + e^y)dx = -e^{-x} + xe^y + K(y)\cdots ①$$

$$\frac{\partial u}{\partial y} = N，\quad \int du = \int N\,dy = \int xe^y dy = xe^y + H(x)\cdots ②$$

比較①，②得 $K(y) = c$，$H(x) = -e^{-x}$，則 $-e^{-x} + xe^y + c = 0$ 為其通解

● 例題 **5-13**

求微分方程式 $y^2\,dx + 2xy\,dy = 0$ 之通解。

解 $M = y^2$，$N = 2xy$，$\dfrac{\partial M}{\partial y} = 2y$，$\dfrac{\partial N}{\partial x} = 2y$，兩者相等，正合

$$\frac{\partial u}{\partial x} = M，\quad \int du = \int M dx = \int y^2 dx = y^2 x + K(y)\cdots ①$$

$$\frac{\partial u}{\partial y} = N，\quad \int du = \int N dy = \int 2xy dy = xy^2 + H(x)\cdots ②$$

比較①，②得 $K(y) = H(x) = 0$，則 $u(x, y) = xy^2$，得 $xy^2 = c$ 為其通解

● 例題 **5-14**

求微分方程式$(y + \cos x)\,dx + (x + \cos y)\,dy = 0$ 之通解。

解 $M(x, y) = y + \cos x$，$N(x, y) = x + \cos y$

$\dfrac{\partial M}{\partial y} = 1$，$\dfrac{\partial N}{\partial x} = 1$，兩者相等，正合

$u = \displaystyle\int_{y=c} M\,dx = \int_{y=c} (y + \cos x)\,dx = xy + \sin x + K(y) \cdots ①$

$u = \displaystyle\int_{x=c} N\,dy = \int_{x=c} (x + \cos y)\,dy = xy + \sin y + H(x) \cdots ②$

比較①，②得 $K(y) = \sin y$，$H(x) = \sin x$，則 $xy + \sin x + \sin y = c$ 為其通解

練習題

1. 試求下列微分方程式之通解：

 (1) $(y^2 + 1)\,dx + (2xy + 3)\,dy = 0$

 (2) $(3x^2y + 2)\,dx + (x^3 - 2)\,dy = 0$

 (3) $(3x^2y^2 + 1)\,dx + (2x^3y)\,dy = 0$

2. 試求下列微分方程式之通解：

 (1) $(e^{2x} + y)\,dx + (x + e^y)\,dy = 0$

 (2) $(e^x + e^y)\,dx + (xe^y + 2)\,dy = 0$

 (3) $(\cos x + e^y)\,dx + (xe^y + \sin y)\,dy = 0$

3. 試求下列微分方程式之通解：

 (1) $(\sin x + \sin y)\,dx + (\sin 2y - x \cos y)\,dy = 0$

 (2) $(y \cos x + \cos y)\,dx + (\sin x - x \sin y)\,dy = 0$

 (3) $(\cos x + 2y)\,dx + (2x - \sin y)\,dy = 0$

4. 求 $M(x, y)$ 使微分方程式 $M(x, y)\,dx + (x^2y - y \cos x) = 0$ 為正合。

5. 求 $N(x, y)$ 使微分方程式 $(e^x + y \cos x)\,dx + N(x, y)\,dy = 0$ 為正合。

課後作業

1. 求 $x^2 y' - xy + y^2 = 0$ 之通解。

2. 求 $y(1 + x^2 y^2)\, dx + x(1 - x^2 y^2)\, dy = 0$ 之通解。

3. 求 $y\, dx + (x^3 y^2 + x)\, dy = 0$。

4. 求微分方程式$(e^{3x} + 3y)\, dx + (3x - 2\cos y)\, dy = 0$ 之通解。

5. 求微分方程式$(x - y\cos x)\, dx + (-\sin x + y)\, dy = 0$ 之通解。

06

一階線性常微分方程式(三)

本章大綱

一、利用積分因子求微分方程式的解
二、一階線性微分方程式
三、其他型式之微分方程式

學習重點

微分方程式如果無法直接積分求解,或無法以簡單的方式分離變數積分求解,其解題困難度就會提高。本章針對無法直接或輕易分離變數的微分方程式,找出了將其化為正合微分方程式,如乘以一個積分因子使其變為正合的方式來順利求得解答。除此外,也對於不能將其化為正合型態,卻可以化成所謂的線性微分方程式型態的類型題目,提出有效的解題方法。

一　利用積分因子求微分方程式的解

並非所有具 $M(x, y)\,dx + N(x, y)\,dy = 0$ 的微分方程式都是正合，因此無法利用上節所介紹之方式求解。本節將提出另一種方法，即在原方程式上乘以一個函數 $I(x, y)$ 使得本非正合微分方程式也能變為正合而求得解答，這個外乘的函數 $I(x, y)$ 即稱為積分因子。

當原方程式 $M(x, y)\,dx + N(x, y)\,dy = 0$ 乘上積分因子 $I(x, y)$ 後變為 $I(x, y)M(x, y)\,dx + I(x, y)N(x, y)\,dy = 0$ 為正合，則 $\dfrac{\partial IM}{\partial y} = \dfrac{\partial IN}{\partial x}$，展開得

$$I\frac{\partial M}{\partial y} + M\frac{\partial I}{\partial y} = I\frac{\partial N}{\partial x} + N\frac{\partial I}{\partial x}\ \text{或}$$

$$I(\frac{\partial M}{\partial y} - \frac{\partial N}{\partial x}) = N\frac{\partial I}{\partial x} - M\frac{\partial I}{\partial y}$$

從上式中可以去觀察以得到每個微分方程式適當的積分因子，為了方便起見，依過去經驗可以歸納出下表以供參考選用。

▼表 6-1　積分因子之經驗公式

項次	微分方程式型式	積分因子可能型式
1	具有 $x\,dy + y\,dx$ 項	$I = \dfrac{1}{xy}$ 或 $I = \dfrac{1}{x^n y^n}$
2	具有 $x\,dx + y\,dy$ 項	$I = \dfrac{1}{x^2 + y^2}$ 或 $I = \dfrac{1}{(x^2 + y^2)^n}$
3	若 $(\dfrac{\partial M}{\partial y} - \dfrac{\partial N}{\partial x})/N = f(x)$	$I = e^{\int f(x)\,dx}$
4	若 $(\dfrac{\partial M}{\partial y} - \dfrac{\partial N}{\partial x})/M = g(y)$	$I = e^{-\int g(y)\,dy}$
5	若 $(\dfrac{\partial M}{\partial y} - \dfrac{\partial N}{\partial x})/(M - N) = f(x+y)$	$I = e^{-\int g(u)\,du}$ 其中 $u = x + y$
6	若 $(\dfrac{\partial M}{\partial y} - \dfrac{\partial N}{\partial x})/(xM - yN) = f(xy)$	$I = e^{-\int f(u)\,du}$ 其中 $u = xy$

● 例題 6-1

求微分方程式 $2y\,dx + x\,dy = 0$ 之通解。

解 $M = 2y$，$N = x$，$\dfrac{\partial M}{\partial y} = 2$，$\dfrac{\partial N}{\partial x} = 1$，非正合

直接觀察方程式可知，若兩邊乘以 x 以後

$M = 2xy$，$N = x^2$，則 $\dfrac{\partial M}{\partial y} = 2x$，$\dfrac{\partial N}{\partial x} = 2x$ 為正合，

故知 x 為積分因子，即 $I(x, y) = x$

$I(x, y)M(x, y)\,dx + I(x, y)N(x, y)\,dy = 0$ 變為正合，即

$2xy\,dx + x^2\,dy = 0$，解之

$u = \displaystyle\int_{y=c} M\,dx = \int_{y=c}(2xy)\,dx = x^2 y + K(y) \cdots ①$

$u = \displaystyle\int_{x=c} N\,dy = \int_{x=c} x^2\,dy = x^2 y + H(x) \cdots ②$

比較①，②得 $K(y) = 0$，$H(x) = 0$，則

$x^2 y = c$ 為其通解

● 例題 6-2

求微分方程式 $xydx + (x^2 + e^{y^2})dy = 0$ 之通解。

解 $M = xy$，$N = (x^2 + e^{y^2})$，$\dfrac{\partial M}{\partial y} = x$，$\dfrac{\partial N}{\partial x} = 2x$，非正合

直接觀察可知若兩邊同乘以 y，則

$M = xy^2$，$N = (x^2 y + ye^{y^2})$ 則

$\dfrac{\partial M}{\partial y} = 2xy$，$\dfrac{\partial N}{\partial x} = 2xy$ 正合，

$u = \displaystyle\int_{y=c} M\,dx = \int_{y=c} xy^2\,dx = \frac{1}{2}x^2 y^2 + K(y) \cdots ①$

$u = \displaystyle\int_{x=c} N\,dy = \int_{x=c}(x^2 y + ye^{y^2})\,dy = \frac{1}{2}(x^2 y^2) + \frac{1}{2}e^{y^2} + H(x) \cdots ②$

比較①，②得 $K(y) = \dfrac{1}{2}e^{y^2}$，$H(x) = 0$，則

$\dfrac{1}{2}(x^2 y^2) + \dfrac{1}{2}e^{y^2} = c$ 或

$x^2 y^2 + e^{y^2} = c$ 為其通解。

● **例題 6-3**

試求微分方程式 $y^2\,dx + xy\,dy = 0$ 之通解。

解 $M = y^2$，$N = xy$，$\dfrac{\partial M}{\partial y} = 2y$，$\dfrac{\partial N}{\partial x} = y$，非正合

$(\dfrac{\partial M}{\partial y} - \dfrac{\partial N}{\partial x})\,/\,N = \dfrac{y}{xy} = \dfrac{1}{x} = f(x)$

依表 6-1 得微分方程式之積分因子

$I = e^{\int f(x)\,dx} = e^{\int \frac{1}{x}\,dx} = e^{\ln x} = x$，則原式乘以積分因子得

$xy^2\,dx + x^2y\,dy = 0$，除以 x^2y^2 得

$\dfrac{1}{x}\,dx + \dfrac{1}{y}\,dy = 0$，積分得

$\ln|x| + \ln|y| = c$（通解）

● **例題 6-4**

求微分方程式 $y\,dx + (2x + \dfrac{1}{y}e^y)\,dy = 0$ 之通解。

解 $M = y$，$N = 2x + \dfrac{1}{y}e^y$，$\dfrac{\partial M}{\partial y} = 1$，$\dfrac{\partial N}{\partial x} = 2$，非正合

$(\dfrac{\partial M}{\partial y} - \dfrac{\partial N}{\partial x})\,/\,M = \dfrac{1-2}{y} = \dfrac{-1}{y} = g(y)$

依表 6-1 得積分因子

$I = e^{-\int g(y)\,dy} = e^{-\int \frac{-1}{y}\,dy} = e^{\ln y} = y$

原式乘以積分因子得

$y^2\,dx + (2xy + e^y)\,dy = 0$，$M = y^2$，$N = 2xy + e^y$

$u = \displaystyle\int_{y=c} M\,dx = \int_{y=c} y^2\,dx = xy^2 + K(y)$

$u = \displaystyle\int_{x=c} N\,dy = \int_{x=c} (2xy + e^y)\,dy = xy^2 + e^y + H(x)$

$H(x) = 0$，$K(y) = e^y$，則

$xy^2 + e^y = c$（通解）

● 例題 6-5

求微分方程式 $y\,dx + (x + x^2y^2)\,dy = 0$ 之通解。

解 微分方程式經展開重組後得到

$(x\,dy + y\,dx) + x^2y^2\,dy = 0$（含有 $x\,dy + y\,dx$ 項）

兩邊同除以 x^2y^2（同乘以 $I = \dfrac{1}{x^2y^2}$）得

$\dfrac{x\,dy + y\,dx}{x^2y^2} + dy = 0$ 則

$\dfrac{d(xy)}{(xy)^2} + dy = 0$，$(xy)^{-2}\,d(xy) + dy = 0$

變數已分離，積分得

$-(xy)^{-1} + y = c$ 或 $y - \dfrac{1}{xy} = c$ 為其通解。

● 例題 6-6

求微分方程式 $y\,dx + (xye^y + x)\,dy = 0$ 之通解。

解 微分方程式展開重組後得到

$(x\,dy + y\,dx) + (xye^y)\,dy = 0$（含有 $x\,dy + y\,dx$ 項）

設積分因子 $I = \dfrac{1}{xy}$，則

$\dfrac{1}{xy}(x\,dy + y\,dx) + \dfrac{1}{xy}(xye^y)\,dy = 0$

$\dfrac{1}{y}\,dy + \dfrac{1}{x}\,dx + e^y\,dy = 0$ 變數已分離，積分得

$\ln|y| + \ln|x| + e^y = c$ 為其通解。

練習題

1. 試求微分方程式的通解

(1) $y' = \dfrac{x+y}{x \ln x}$

(2) $y^2\, dx + (3 - xy)\, dy = 0$

(3) $(3xy + y^2)\, dx + (x^2 + xy)\, dy = 0$

(4) $y' = \dfrac{3x^2 y - y^2}{3x^3 - 2xy}$

(5) $y' = \dfrac{x - y^2}{y(1+x)}$

(6) $xy\, dx + (2x + 3y^2 + 1)\, dy = 0$

(7) $\cos y\, dx + \sin y\, dy = 0$

(8) $y \cos x\, dx + (\sin x + 2y^2)\, dy = 0$

(9) $(2 - \sin y)\, dx + x \cos x\, dy = 0$

(10) $(y^2 + x)\, dx + (xy)\, dy = 0$

二 一階線性微分方程式

微分方程式如果具有以下之型態者，稱為一階線性微分方程式，亦即

$$y' + P(x)y = Q(x)$$

式中 $P(x)$ 和 $Q(x)$ 均為 x 之函數，當 $Q(x) = 0$ 時稱為齊次，$Q(x) \neq 0$ 時稱為非齊次。

此類型之微分方程式解法和上一節所使用的相同，必需先找到積分因子，乘上積分因子後變數自然就分離開，可以積分求解了。

將上式重組可驗證此種類型之微分方程式並非正合，

$$y' + P(x)y = Q(x)$$

$$\frac{dy}{dx} + P(x)y = Q(x)$$

$$dy + P(x)y\,dx = Q(x)\,dx$$

$$[P(x)y - Q(x)]\,dx + dy = 0 \text{ 則}$$

$$M = P(x)y - Q(x)，N = 1$$

$$\frac{\partial M}{\partial y} = P(x)，\frac{\partial N}{\partial x} = 0，兩者不相等，故非正合。$$

接著可進一步檢驗該運用何種型態積分因子來求解

$$(\frac{\partial M}{\partial y} - \frac{\partial N}{\partial x}) / N = P(x) / 1 = P(x)$$

依據表 6-1 可知其積分因子為

$$I(x) = e^{\int P(x)dx}$$

● 例題 **6-7**

試求微分方程式 $y' + 2xy = 0$ 之通解。

（解） $P(x) = 2x$，$Q(x) = 0$，積分因子為 $I(x) = e^{2\int x\,dx} = e^{x^2}$

$e^{x^2}\dfrac{dy}{dx} + 2e^{x^2}xy = 0$，$e^{x^2}\,dy + 2xye^{x^2}\,dx = 0$

$u = \displaystyle\int_{x=c} e^{x^2}\,dy = ye^{x^2} + H(x)$

$u = \displaystyle\int_{y=c} 2y(xe^{x^2})\,dx = ye^{x^2} + K(y)$

比較上二式得 $H(x) = K(y) = 0$，則

$u = ye^{x^2}$，得 $ye^{x^2} = c$（通解）

● 例題 **6-8**

試求微分方程式 $y' = \dfrac{2}{x}y = x^2$ 之通解。

（解） $P(x) = \dfrac{2}{x}$，$Q(x) = x^2$，積分因子 $I(x) = e^{\int \frac{2}{x}\,dx} = e^{2\ln x} = x^2$

$y' + \dfrac{2}{x}y = x^2$ 分解組合

$\dfrac{dy}{dx} + \dfrac{2}{x}y = x^2$，$dy + \dfrac{2}{x}y\,dx = x^2\,dx$

$dy + y(\dfrac{2}{x})dx - x^2\,dx = 0$，乘以積分因子得

$x^2\,dy + (y\dfrac{2}{x})(x^2)\,dx - x^2(x^2)\,dx = 0$

$x^2\,dy + 2xydx - x^4\,dx = 0$

$x^2\,dy + (2xy - x^4)\,dx = 0$

$u = \displaystyle\int x^2\,dy = x^2y + H(x)$

$u = \displaystyle\int (2xy - x^4)\,dx = x^2y - \dfrac{1}{5}x^5 + K(y)$

比較上二式得 $H(x) = -\dfrac{1}{5}x^5$

$K(y) = 0$，$u = x^2y - \dfrac{1}{5}x^5 + c$，則 $x^2y - \dfrac{1}{5}x^5 = C$ 為其通解

● 例題 **6-9**

試求微分方程式 $xy' + y = 2x^2$ 之通解。

解 方程式可以重新組合成

$y' + \dfrac{1}{x}y = 2x$，則

$P(x) = \dfrac{1}{x}$，$Q(x) = 2x$

其積分因子為

$I(x) = e^{\int P(x)\,dx} = e^{\int \frac{1}{x}\,dx} = e^{\ln x} = x$

上式方程式可變為

$dy + (\dfrac{1}{x}y)\,dx - 2x\,dx = 0$

方程式乘以積分因子得

$x\,dy + x(\dfrac{1}{x})y\,dx - 2x^2\,dx = 0$ 簡化為

$x\,dy + y\,dx - 2x^2\,dx = 0$

$d(xy) - 2x^2\,dx = 0$ 積分得

$xy - \dfrac{2}{3}x^3 = c$ 為其通解

練習題

1. 求下列一階微分方程式之通解

(1) $y\,dx + (2x - y^2)\,dy = 0$

(2) $xy' + 3y + 2x^3 = 0$

(3) $y' - 3y = 2x^2 + 3x + 1$

2. 求下列一階微分方程式之通解

(1) $y'\cos x + y\sin 2x = y$

(2) $\cos x\,dy + y\sin x\,dx = 0$

(3) $(x^2 - 1)\dfrac{dy}{dx} + y(x - 1) = x + 1$

3. 求下列一階微分方程式之通解

(1) $y' - 2xy = x$

(2) $x\,dy - (xy + e^x + 2)\,dx = 0$

(3) $y' + \dfrac{1}{x^2}y = e^x - 1$

4. 求下列一階微分方程式之通解

(1) $y' + e^x y = e^x$

(2) $y'\sin x + y\sin 2x = e^{-2\sin x}\sin x$

(3) $y'\cos x + y\sin 2x = \sin 2x$

三	其他型式之微分方程式

　　微分方程式之型態有許許多多種，無法在本書中全部羅列，僅能就常用的或具有固定型式的型態加以討論並求其解，以下為不屬於上述所討論任何型態之方程式，但只要稍加以展開重組，就能符合某一種型態的微分方程式，並得其通解。

A. 柏努力方程式

具有以下型態之微分方程式稱為柏努力方程式，

$$y' + P(x)y = Q(x)y^a \tag{6-1}$$

其中 $a = 0$ 和 $a = 1$ 之情況與解法已在前述章節中討論過，若 a 為任意常數，則原方程式可變為

$$y^{-a}y' + P(x)y^{1-a} = Q(x) \tag{6-2}$$

此時令任一函數 $u = y^{1-a}$，則

$$\frac{du}{dx} = (1-a)\,y^{-a}\,\frac{dy}{dx}$$

$y^{-a}\dfrac{dy}{dx} = \dfrac{1}{1-a}\dfrac{du}{dx}$ 代入(6-2)式中得

$\dfrac{1}{1-a}\dfrac{du}{dx} + P(x)u = Q(x)$ 或

$$\frac{du}{dx} + (1-a)P(x)u = (1-a)Q(x) \tag{6-3}$$

　　上式已變為一階線性微分方程式之標準式，則積分因子 $I(x) = e^{\int (1-a)P(x)}$ ，將 (6-3)乘以此積分因子，變數就可分離，求得通解後再將 $u = y^{1-a}$ 代回即可得到真正之通解。

● **例題 6-10**

試求微分方程式 $y' + y = y^2$ 之通解。

解 方程式為柏努力方程式，其中 $a = 2$

$P(x) = 1$，$Q(x) = 1$

原方程式可以改寫為

$y^{-2}y' + y^{-1} = 1 \cdots ①$

令 $u = y^{1-2} = y^{-1}$，則

$\dfrac{du}{dx} = -1y^{-2}\dfrac{dy}{dx}$

$y^{-2}y' = -\dfrac{du}{dx} = -u'$ 代入 ① 得

$-u' + u = 1 \Rightarrow u' - u = -1$

$\Rightarrow \dfrac{du}{dx} - (u-1) = 0 \Rightarrow du - (u-1)dx = 0$

$\Rightarrow (u-1)\,dx - du = 0 \Rightarrow M = u - 1$，$N = -1$

$\dfrac{\partial M}{\partial u} = 1$，$\dfrac{\partial N}{\partial x} = 0$，非正合

$(\dfrac{\partial M}{\partial u} - \dfrac{\partial N}{\partial x}) / M = \dfrac{1}{u-1} = f(u)$

積分因子

$I = e^{-\int f(u)\,du} = e^{-\int \frac{1}{u-1}du} = e^{-\ln(u-1)} = \dfrac{1}{u-1}$

$\dfrac{1}{u-1}(u-1)\,dx - \dfrac{1}{u-1}\,du = 0$

$dx = -\dfrac{1}{u-1}\,d(u-1)$，積分得

$x - \ln(u-1) = c$

$(u-1) = ke^x \Rightarrow u = ke^x + 1$，其中 $k = e^{-c}$

將 $u = y^{-1}$ 代入得

$\dfrac{1}{y} = ke^x + 1$

$y = \dfrac{1}{ke^x + 1}$ （通解）

● 例題 6-11

試求微分方程式 $y' + y = e^{-x}y^2$ 之通解。

解 方程式為柏努力方程式

其中 $a = 2$，$P(x) = 1$，$Q(x) = e^{-x}$

原方程式可以改寫為

$y^{-2}y' + y^{-1} = e^x \cdots ①$

令 $u = y^{1-2} = y^{-1}$，則

$\dfrac{du}{dx} = -1y^{-2}\dfrac{dy}{dx}$

$y^{-2}y' = -\dfrac{du}{dx} = -u'$ 代入①得

$-u' + u = e^{-x} \Rightarrow u' - u = -e^{-x} \cdots ②$

$P(x) = -1$，$Q(x) = -e^{-x}$

積分因子 $I(x) = e^{\int P(x)\,dx} = e^{\int (-1)\,dx} = e^{-x}$

以積分因子乘以②得

$e^{-x}u' - e^{-x}u = -e^{-2x} \cdots ③$

$(e^{-x}u)' = -e^{-x}u + u'e^{-x}$

故③可改寫為

$(e^{-x}u)' = -e^{-2x}$ 或

$e^{-x}u = -\int e^{-2x}\,dx = \dfrac{1}{2}e^{-2x} + c_0$

$ue^{-x} - \dfrac{1}{2}e^{-2x} = c_0$

將 $u = y^{-1}$ 代入得 $y^{-1}e^{-x} - \dfrac{1}{2}e^{-2x} = c_0$

$y^{-1} = c_0 e^x + \dfrac{1}{2}e^{-x}$，則

$y = \dfrac{2}{ce^x + e^{-x}}$（通解）

B. 可變換變數之方程式

某些微分方程式若以一組新變數來取代原有變數，即可將方程式化為齊次型微分方程式

1. 具有 $(a_1 x + b_1 y + c_1)\, dx + (a_2 x + b_2 y + c_2)\, dy = 0$ 之型態者

    此類型微分方程式之求解步驟如下：

    (1) 求 $\begin{cases} a_1 x + b_1 y + c_1 = 0 \\ a_2 x + b_2 y + c_2 = 0 \end{cases}$ 方程組之解。

    (2) 假設其解為 $(x, y) = (h, k)$，則令

    $$\begin{cases} x = u + h \\ y = v + k \end{cases} \quad \begin{cases} dx = du \\ dy = dv \end{cases}$$

    代入原方程式，可將其化為齊次微分方程式 $\dfrac{dv}{du} = \dfrac{a_1 u + b_1 v}{a_2 u + b_2 v}$

    (3) 求齊次微分方程式的解

    求解時可能需要用到分解因式之技巧才能把齊次方程式的變數分離為可直接積分之型式。

    (4) 以 $u = x - h$，$v = y - k$ 代入之前所得到之解即得原微分方程式之通解。

● 例題 **6-12**

求微分方程式 $(2x - 5y + 3)\, dx - (2x + 4y - 6)\, dy = 0$ 之通解。

解 (1) 求 $\begin{cases} 2x - 5y + 3 = 0 \\ 2x + 4y - 6 = 0 \end{cases}$ 之解，得 $h = 1$，$k = 1$

(2) 令 $\begin{cases} x = u + h = u + 1 \\ y = v + k = v + 1 \end{cases} \quad \begin{cases} dx = du \\ dy = dv \end{cases}$，

代回原方程式，得

$[2(u + 1) - 5(v + 1) + 3]\, du - [2(u + 1) + 4(v + 1) - 6]\, dv = 0$

$[2u - 5v]\, du - [2u + 4v]\, dv = 0$，則

$\dfrac{dv}{du} = \dfrac{[2u - 5v]}{[2u + 4v]} \cdots$ ①為齊次方程式

(3) 求①式齊次方程式的解

令 $\dfrac{v}{u} = z$，$v = uz$，$\dfrac{dv}{du} = z + u\dfrac{dz}{du}$ 代入①式

得 $z + u\dfrac{dz}{du} = \dfrac{(2u-5v)}{(2u+4v)} = \dfrac{(2-5\dfrac{v}{u})}{(2+4\dfrac{v}{u})} = \dfrac{2-5z}{2+4z}$

$\dfrac{u}{du}dz = \dfrac{2-5z}{2+4z} - z = \dfrac{(2-5z)-z(2+4z)}{2+4z} = \dfrac{-4z^2-7z+2}{2+4z}$

$\dfrac{du}{u} + \dfrac{2+4z}{4z^2+7z-2}dz = 0 \cdots ②$ (變數已分離)，

利用因式分解之技巧將上式右方之項分離後即可直接積分求解

$\dfrac{2+4z}{4z^2+7z-2} = \dfrac{4z+2}{(4z-1)(z+2)} = \dfrac{\frac{4}{3}}{4z-1} + \dfrac{\frac{2}{3}}{z+2}$ 代入②式得

$\dfrac{du}{u} + (\dfrac{\frac{4}{3}}{4z-1} + \dfrac{\frac{2}{3}}{z+2})dz = 0$，積分得

$\ln|u| + \dfrac{1}{3}\ln|4z-1| + \dfrac{2}{3}\ln|z+2| = c' \cdots ③$

$3\ln|u| + \ln|4z-1| + 2\ln|z+2| = c'$

$\ln|u|^3 + \ln|4z-1| + \ln|z+2|^2 = c'$

$\ln|u^3(4z-1)(z+2)^2| = c'$ 則

$u^3(4z-1)(z+2)^2 = c \cdots ④$

(4) 將 $u = x-1$，$z = \dfrac{v}{u} = \dfrac{y-1}{x-1}$ 代入④得

$(x-1)^3 (4\dfrac{y-1}{x-1}-1)(\dfrac{y-1}{x-1}+2)^2 = c$ 展開得

$(x-1)^3 (4\dfrac{y-1}{x-1}-1)(\dfrac{(y-1)^2}{(x-1)^2} + 4\dfrac{y-1}{x-1} + 4) = c$ 化簡得

$(x-1)^3 (\dfrac{4(y-1)-(x-1)}{x-1})(\dfrac{(y-1)^2 + 4(y-1)(x-1) + 4(x-1)^2}{(x-1)^2}) = c$

$[4y-x-3][(y-1)+2(x-1)]^2 = c$ 整理後得

$(4y-x-3)(y+2x-3)^2 = c$ 為其通解

2. 自變數與應變數角色可以互換之型態

某些微分方程式中，自變數與應變數角色互換後即可套用前述方法求解。

● 例題 **6-13**

求微分方程式 $(2x + x^2 y^2)y' - y = 0$ 之通解

解 $y' = \dfrac{y}{2x + x^2 y^2}$ ， $\dfrac{dy}{dx} = \dfrac{y}{2x + x^2 y^2}$ 則

$$\frac{dx}{dy} = \frac{2x + x^2 y^2}{y} = \frac{2x}{y} + \frac{x^2 y^2}{y} = \frac{2x}{y} + x^2 y$$

若將 x 和 y 互換得

$$\frac{dy}{dx} = \frac{2y}{x} + xy^2$$

$$y' - \frac{2}{x} y = xy^2 \cdots ① (柏努力方程式)$$

$$P(x) = -\frac{2}{x} ， Q(x) = x ， a = 2$$

積分因子為 $I(x) = e^{\int (1-2)\left(-\frac{2}{x}\right)dx} = e^{\int \frac{2}{x} dx} = x^2$ 代入①得

將①式改寫為 $y^{-2} y' - \dfrac{2}{x} y^{-1} = x \cdots ②$

令 $u = y^{-1}$ ， $\dfrac{du}{dx} = -y^{-2} \dfrac{dy}{dx} = -y^{-2} y'$ 代入②

$$-\frac{du}{dx} - \frac{2}{x} u = x ， 或 \frac{du}{dx} + \frac{2u}{x} = -x \cdots ③$$

將積分因子 $I(x) = x^2$ 代入③得

$$x^2 \frac{du}{dx} + 2xu = -x^3 ， \frac{d}{dx} + (x^2 u) + x^3 = 0$$

$$d(x^2 u) + x^3 dx = 0 ， x^2 u + \frac{1}{4} x^4 = c$$

$$\Rightarrow \frac{x^2}{y} + \frac{1}{4} x^4 = c$$

x 與 y 對調 $\Rightarrow \dfrac{y^2}{x} + \dfrac{1}{4} y^4 = c$ 為其通解

3.　變數可以變換之型式

微分方程式中，若幾個項可以合成另一個項，或原變數呈現的方式可以轉換成另一種型式而有利於求解，亦可應用，如

$x\,dy + y\,dx \;\to\; d(xy)$

$x^2\,dy + 2xy\,dx \;\to\; d(x^2y)$

● 例題 **6-14**

求微分方程式 $x^2\,dy + (x^2y + 2xy)\,dx = 0$ 之通解。

解　原式展開為 $x^2\,dy + x^2y\,dx + 2xy\,dx = 0\cdots①$

令 $u = x^2y$，$du = x^2\,dy + 2xy\,dx$

代入①得 $du + u\,dx = 0$

$\dfrac{du}{u} + dx = 0$，積分得解

$\ln|u| + x = c$

將 $u = x^2y$ 代入得

$\ln|x^2y| + x = c$ 為其通解

練習題

1. 試求下列微分方程式的通解

(1) $y' = \dfrac{2y}{x} + 4xy^3$

(2) $y' = xy - xy^3$

(3) $y' = 3x^2y - x^2y^3$

(4) $y' = 2y + y^4$

(5) $\dfrac{y'}{xy} + 2 + y^3 = 0$

2. 試求下列微分方程式的通解

(1) $(-3x + 2y + 4)\,dx + (3x - y + 2)\,dy = 0$

(2) $(3x - y + 2)\,dx + (6x - 2y + 3)\,dy = 0$

(3) $(x + 3y - 1)\,dx + (2x + 4y - 3)\,dy = 0$

(4) $(2x - 5y + 3)\,dx + (2x + 4y - 6)\,dy = 0$

(5) $(2x + 4y - 1)\,dx - (x - y + 5)\,dy = 0$

3. 試求下列微分方程式的通解

(1) $(x + 2y^3)\,y' - y = 0$

(2) $x\,dy + y\,dx = 2(xy + 5)\,dx$

課後作業

1. 求微分方程式 $(y^2 + e^{x^2})\,dx + xy\,dy = 0$ 之通解。

2. 求微分方程式 $y\,dx + (2x + e^{y^2})\,dy = 0$ 之通解。

3. 試求微分方程式 $y' + (\cos x)y = 0$ 之通解。

4. 求微分方程式 $y' + xy = xy^2$ 之通解。

5. 求微分方程式 $y' - 2y = 3y^3$ 之通解。

07

二階線性常微分方程式

學習重點

本章主要針對二階線性常微分方程式的求解方法加以探討，先瞭解各項定義與性質以後，利用朗斯基的定義判斷二階微分方程式可能的解之正確性，再進一步求得通解與特解。此外，亦可利用降階法來使微分方程式化繁為簡，以便增加求得解答之可能性。

一 基本定義與性質

若 x 為自變數，y 為應變數，則 $y'' = f(x, y, y')$ 稱為二階微分方程式，又若該微分方程式中沒有應變數或應變數之微分彼此的相乘積，則為線性，稱為二階線性微分方程式。

● 例題 **7-1**

試分辨下列微分方程式何者為線性，何者為非線性

(1) $y'' + 2xy' + y^2 = 0$

(2) $y'' + xy' + \sqrt{y} = 0$

(3) $(1 + x^2)y'' + xy' - \cos y = \sin x$

(4) $y'' + 2y' - 3\sin y = e^x$

(5) $y'' + 2\sqrt{y'} - y\sin x = 0$

(6) $y'' + yy' + x = 0$

解 (1) 非線性，因有 y^2 項存在

(2) 非線性，因 $\sqrt{y}$ 脫根號後 y'' 和 y' 均為二次方

(3) 非線性，因 y''，y' 和 y 項雖為一次方且未彼此相乘，但餘弦函數 $\cos y$ 並非線性函數

(4) 非線性，理由同(3)，正弦函數 $\sin y$ 並非線性函數

(5) 非線性，因 $\sqrt{y'}$ 脫根號後 y'' 和 y 均為二次方

(6) 非線性，因有 yy' 項存在

二階線性微分方程式可以清楚表示為

$$y'' + p(x)\, y' + q(x)y = r(x)$$

其中 $p(x)$，$q(x)$ 和 $r(x)$ 都為連續函數，又上式中若 $r(x) = 0$，則

$$y'' + p(x)y' + q(x)y = 0$$

稱爲齊次，若 $r(x) \neq 0$，則爲非齊次。例題 7-1 中(1)，(2)和(5)爲齊次方程式，(3)，(4)和(6)則爲非齊次方程式。

二階線性微分方程式理論上有二組解，設爲 $y_1(x)$ 和 $y_2(x)$，且這二組解的線性組合也應滿足該微分方程式。亦即「若 $y_1(x)$ 和 $y_2(x)$ 爲齊次微分方程式的解，則 $y = c_1 y_1(x) + c_2 y_2(x)$ 亦爲該齊次微分方程式的解，其中 c_1 和 c_2 爲任意常數。」

● 例題 7-2

試證 $y_1 = e^{2x}$ 和 $y_2 = xe^{2x}$ 均爲微分方程式 $y'' - 4y' + 4y = 0$ 的解，且 $y = c_1 y_1 + c_2 y_2$ 亦爲其解。

解 (1) 可將 $y_1 = e^{2x}$ 代入微分方程式 $y'' - 4y' + 4y = 0$ 中印證

因 $y'_1 = 2e^{2x}$，$y''_1 = 4e^{2x}$，則

$4e^{2x} - 4(2e^{2x}) + 4(e^{2x}) = 8e^{2x} - 8e^{2x} = 0$，（滿足方程式）

故 $y_1 = e^{2x}$ 爲微分方程式之一解

(2) 再將 $y_2 = xe^{2x}$ 代入微分方程式中印證

因 $y'_2 = e^{2x} + 2xe^{2x}$，$y''_2 = 2e^{2x} + 2e^{2x} + 4xe^{2x} = 4e^{2x} + 4xe^{2x}$

代入微分方程式，得

$(4e^{2x} + 4xe^{2x}) - 4(e^{2x} + 2xe^{2x}) + 4(xe^{2x})$

$= 4e^{2x} + 8xe^{2x} - (4e^{2x} + 8xe^{2x}) = 0$（滿足方程式）

則 $y_2 = xe^{2x}$ 亦爲微分方程式之另組解

(3) 令 $y = c_1 y_1 + c_2 y_2 = c_1 e^{2x} + c_2 xe^{2x}$ 代入微分方程式中印證

因 $y' = 2c_1 e^{2x} + c_2 e^{2x} + 2c_2 xe^{2x} = (2c_1 + c_2 + 2c_2 x)e^{2x}$

$y'' = 4c_1 e^{2x} + 2c_2 e^{2x} + 2c_2 e^{2x} + 4c_2 xe^{2x}$

$\quad = 4c_1 e^{2x} + 4c_2 e^{2x} + 4c_2 xe^{2x}$

$\quad = (4c_1 + 4c_2 + 4c_2 x)e^{2x}$

將 y''，y' 和 y 分別代入微分方程式中得

$(4c_1 + 4c_2 + 4c_2 x)e^{2x} - 4(2c_1 + c_2 + 2c_2 x)e^{2x} + 4(c_1 + c_2 x)e^{2x}$

$= [4c_1 + 4c_2 + 4c_2 x - 8c_1 - 4c_2 - 8c_2 x + 4c_1 + 4c_2 x]e^{2x}$

$= [(8c_1 - 8c_1) + (4c_2 - 4c_2) + (8c_2 x - 8c_2 x)]e^{2x}$

$= 0 \cdot e^{2x} = 0$（滿足方程式）

故 $y = c_1 y_1 + c_2 y_2$ 亦爲微分方程式之解。

● 例題 7-3

試證 $y_1 = x^{-2}$，$y_2 = x^{-2}\ln x$ 均爲微分方程式 $x^2 y'' + 5xy' + 4y = 0$ 的解，試證明 $y = c_1 y_1 + c_2 y_2$ 亦爲微分方程式之解。

解　(1) $y_1 = x^{-2}$，$y'_1 = -2x^{-3}$，$y''_1 = 6x^{-4}$，代入方程式得

$$x^2(6x^{-4}) + 5x(-2x^{-3}) + 4x^{-2} = 0$$

$$6x^{-2} - 10x^{-2} + 4x^{-2} = 0$$

$$10x^{-2} - 10x^{-2} = 0 \text{（滿足方程式）}$$

故 $y_1 = x^{-2}$ 爲微分方程式之一解

(2) $y_2 = x^{-2}\ln x$，$y'_2 = -2x^{-3}\ln x + x^{-3}$

$$y''_2 = 6x^{-4}\ln x - 2x^{-3}x^{-1} - 3x^{-4} = 6x^{-4}\ln x - 5x^{-4}$$

代入方程式得

$$x^2(6x^{-4}\ln x - 5x^{-4}) + 5x(-2x^{-3}\ln x + x^{-3}) + 4(x^{-2}\ln x) = 0$$

$$6x^{-2}\ln x - 5x^{-2} - 10x^{-2}\ln x + 5x^{-2} + 4x^{-2}\ln x = 0$$

$$(10x^{-2}\ln x - 10x^{-2}\ln x) + (5x^{-2} - 5x^{-2}) = 0 \text{（滿足方程式）}$$

故 $y_2 = x^{-2}\ln x$ 爲微分方程式之另一解

(3) 令 $y = c_1 y_1 + c_2 y_2 = c_1 x^{-2} + c_2 x^{-2}\ln x$，則

$$y' = -2c_1 x^{-3} - 2c_2 x^{-3}\ln x + c_2 x^{-3}$$

$$y'' = 6c_1 x^{-4} + 6c_2 x^{-4}\ln x - 2c_2 x^{-4} - 3c_2 x^{-4}$$

$$= 6c_1 x^{-4} - 5c_2 x^{-4} + 6c_2 x^{-4}\ln x$$

將 y，y'，y'' 代入微分方程式中得

$$x^2(6c_1 x^{-4} - 5c_2 x^{-4} + 6c_2 x^{-4}\ln x) + 5x(-2c_1 x^{-3} - 2c_2 x^{-3}\ln x + c_2 x^{-3})$$

$$+ 4(c_1 x^{-2} + c_2 x^{-2}\ln x) = 0$$

整理後得

$$6c_1 x^{-2} - 5c_2 x^{-2} + 6c_2 x^{-2}\ln x - 10c_1 x^{-2}$$

$$- 10c_2 x^{-2}\ln x + 5c_2 x^{-2} + 4c_1 x^{-2} + 4c_2 x^{-2}\ln x = 0$$

$$(6c_1 - 10c_1 + 4c_1)x^{-2} + (-5c_2 + 5c_2)x^{-2} + (6c_2 - 10c_2 + 4c_2)x^{-2}\ln x = 0$$

$$0x^{-2} + 0x^{-2} + 0 \, x^{-2}\ln x = 0 \text{（滿足方程式）}$$

故 $y = c_1 y_1 + c_2 y_2$ 亦爲微分方程式之一個解。

二　二階齊次微分方程式的解及其朗斯基

上例題中 $y_1(x)$ 和 $y_2(x)$ 均為可微分函數，其線性組合 $y = c_1 y_1 + c_2 y_2$ 亦為可微分函數。當 y_1 和 y_2 同時滿足一個微分方程式時，則同時存在

$$y''_1 + P(x)y'_1 + Q(x)y_1 = 0 \cdots ①$$

$$y''_2 + P(x)y'_2 + Q(x)y_2 = 0 \cdots ②$$

上二式中若將 ① × $(-y_2)$ + ② × y_1 可得到

$$-y_2 y''_1 - P(x)y_2 y'_1 - Q(x)y_2 y_1 + y_1 y''_2 + P(x)y_1 y'_2 + Q(x)y_1 y_2 = 0$$

整理後得到

$$(y_1 y''_2 - y_2 y''_1) + P(x)(y_1 y'_2 - y_2 y'_1) = 0 \cdots ③$$

上式中 $(y_1 y''_2 - y_2 y''_1)$ 以及 $(y_1 y'_2 - y_2 y'_1)$ 可另加以定義

$$y_1 y'_2 - y_2 y'_1 = \begin{vmatrix} y_1 & y_2 \\ y'_1 & y'_2 \end{vmatrix} = w(y_1, y_2)$$

函數 $w(y_1, y_2)$ 稱為可微分函數 y_1 和 y_2 的朗斯基（Wronskian）。

此外，$y_1 y''_2 - y_2 y''_1$ 亦可定義為

$$y_1 y''_2 - y_2 y''_1 = \begin{vmatrix} y_1 & y_2 \\ y''_1 & y''_2 \end{vmatrix} = w'(y_1, y_2)$$

此處 $w'(y_1, y_2)$ 是否就是 $w(y_1, y_2)$ 的微分呢？

因 $w(y_1, y_2) = y_1 y'_2 - y_2 y'_1$，則其微分為

$$w' = (y'_1 y'_2 + y_1 y''_2) - (y'_2 y'_1 + y_2 y''_1) = y_1 y''_2 - y_2 y''_1$$

故 $w'(y_1, y_2)$ 確為 $w(y_1, y_2)$ 的微分，稱為朗斯基微分。

● 例題 **7-4**

求下列各可微分函數之朗斯基及朗斯基微分

(1) $y_1 = \cos x$，$y_2 = x \sin x$

(2) $y_1 = e^{2x}$，$y_2 = xe^{2x}$

(3) $y_1 = x^{-2}$，$y_2 = x^{-2} \ln x$

(4) $y_1 = xe^{-x}$，$y_2 = e^{3x}$

解 (1) $w(y_1, y_2) = \begin{vmatrix} y_1 & y_2 \\ y'_1 & y'_2 \end{vmatrix} = \begin{vmatrix} \cos x & x \sin x \\ -\sin x & \sin x + x \cos x \end{vmatrix}$

$\qquad = \cos x \sin x + x \cos^2 x + x \sin^2 x$

$\qquad = \cos x \sin x + x(\cos^2 x + \sin^2 x)$

$\qquad = \cos x \sin x + x$

$\quad w'(y_1, y_2) = (\cos x \sin x + x)' = -\sin^2 x + \cos^2 x + 1$

$\qquad = 1 + (\cos^2 x - \sin^2 x) = 1 + (1 - 2\sin^2 x)$

$\qquad = 2 - 2\sin^2 x$

$(2)\ w(y_1, y_2) = \begin{vmatrix} y_1 & y_2 \\ y'_1 & y'_2 \end{vmatrix} = \begin{vmatrix} e^{2x} & xe^{2x} \\ 2e^{2x} & e^{2x} + 2xe^{2x} \end{vmatrix}$

$\qquad = (e^{4x} + 2xe^{4x}) - 2xe^{4x} = e^{4x}$

$\quad w'(y_1, y_2) = 4e^{4x}$

$(3)\ w(y_1, y_2) = \begin{vmatrix} y_1 & y_2 \\ y'_1 & y'_2 \end{vmatrix} = \begin{vmatrix} x^{-2} & x^{-2} \ln x \\ -2x^{-3} & -2x^{-3} \ln x + x^{-3} \end{vmatrix}$

$\qquad = (-2x^{-5} \ln x + x^{-5}) + 2x^{-5} \ln x = x^{-5}$

$\quad w'(y_1, y_2) = -5x^{-6}$

$(4)\ w(y_1, y_2) = \begin{vmatrix} xe^{-x} & e^{3x} \\ e^{-x} - xe^{-x} & 3e^{3x} \end{vmatrix}$

$\qquad = 3xe^{2x} - (e^{2x} - xe^{2x})$

$\qquad = 4xe^{2x} - e^{2x} = (4x - 1)e^{2x}$

$\quad w'(y_1, y_2) = 4e^{2x} + 8xe^{2x} - 2e^{2x}$

$\qquad = 2e^{2x} + 8xe^{2x}$

$\qquad = (2 + 8x)e^{2x}$

● 例題 **7-5**

試驗證【例題 7-2】及【例題 7-3】中已知 $y_1(x)$ 和 $y_2(x)$ 為微分方程式的解，則 $y(x) = c_1y_1(x) + c_2y_2(x)$ 亦為該微分方程式的解。

解 (1) $y_1 = e^{2x}$，$y_2 = xe^{2x}$ 均為微分方程式的解，則其朗斯基

$$w(y_1, y_2) = \begin{vmatrix} y_1 & y_2 \\ y'_1 & y'_2 \end{vmatrix} = \begin{vmatrix} e^{2x} & xe^{2x} \\ 2e^{2x} & e^{2x} + 2xe^{2x} \end{vmatrix}$$

$$= e^{4x} + 2xe^{4x} - 2xe^{4x} = e^{4x} \neq 0$$

故 $y = c_1y_1 + c_2y_2$ 亦為該微分方程式的解。

(2) $y_1 = x^{-2}$，$y_2 = x^{-2}\ln x$ 均為微分方程式的解，則其朗斯基

$$w(y_1, y_2) = \begin{vmatrix} y_1 & y_2 \\ y'_1 & y'_2 \end{vmatrix} = \begin{vmatrix} x^{-2} & x^{-2}\ln x \\ -2x^{-3} & -2x^{-3}\ln x + x^{-3} \end{vmatrix}$$

$$= -2x^{-5}\ln x + x^{-5} + 2x^{-5}\ln x = x^{-5} \neq 0$$

故 $y = c_1y_1 + c_2y_2$ 亦為微分方程式的解。

● 例題 **7-6**

試證 $y_1 = e^x$，$y_2 = e^{-3x}$ 為微分方程式 $y'' + 2y' - 3y = 0$ 的解，且 $y = c_1y_1 + c_2y_2$ 亦為該微分方程式的解。

解 (1) 將 $y_1 = e^x$ 代入微分方程式中，

因 $y'_1 = e^x$，$y''_1 = e^x$，故得

$e^x + 2e^x - 3e^x = 0$，故 $y_1 = e^x$ 為其解

(2) 將 $y_2 = e^{-3x}$ 代入

因 $y'_2 = -3e^{-3x}$，$y''_2 = 9e^{-3x}$，故得

$9e^{-3x} + 2(-3e^{-3x}) - 3e^{-3x} = 9e^{-3x} - 9e^{-3x} = 0$

故 $y_2 = e^{-3}$ 為其解

(3) y_1 和 y_2 之朗斯基

$$w(y_1, y_2) = \begin{vmatrix} y_1 & y_2 \\ y'_1 & y'_2 \end{vmatrix} = \begin{vmatrix} e^x & e^{-3x} \\ e^x & -3e^{-3x} \end{vmatrix}$$

$$= -3e^{-2x} - e^{-2x} = -4e^{-2x} \neq 0，$$

故 $y = c_1y_1 + c_2y_2$ 亦為微分方程式之解

練習題

1. 試求下列各函數的朗斯基值及朗斯基微分值

   (1) $y_1 = e^{2x}$，$y_2 = e^{3x}$

   (2) $y_1 = \cos x$，$y_2 = \sin 2x$

   (3) $y_1 = x\sin x$，$y_2 = x\cos x$

   (4) $y_1 = e^x\sin 2x$，$y_2 = e^{2x}\cos x$

   (5) $y_1 = xe^{-2x}$，$y_2 = 2xe^{-2x}$

   (6) $y_1 = x\ln x$，$y_2 = \ln x$

2. 試驗證 y_1 與 y_2 是否為微分方程式之解，若是，請再驗證 $y = c_1y_1 + c_2y_2$ 是否亦為微分方程式之解

   (1) $y'' - 2y' + y = 0$，$y_1 = e^x$，$y_2 = xe^x$

   (2) $y'' + 2y' + y = 0$，$y_1 = e^{-x}$，$y_2 = xe^{-x}$

   (3) $x^2y'' + 3xy' + y = 0$，$y_1 = x^{-1}$，$y_2 = x^{-1}\ln x$

   (4) $x^2y'' + xy' + y = 0$，$y_1 = \cos \ln x$，$y_2 = \sin \ln x$

三　二階非齊次微分方程式的特解

當微分方程式 $y'' + p(x)y' + q(x)y = r(x)$ 為齊次時，$r(x) = 0$，亦即 $y'' + p(x)y' + q(x)y = 0$，此時較容易求得其解，稱為齊次解 y_h，上節中已經可以知道 $y_h = c_1y_1(x) + c_2y_2(x)$，其中 c_1 和 c_2 為任意常數。當 $r(x) \neq 0$ 時，微分方程式變為非齊次，因此可以求到一個特解 $y_p = \phi(x)$，將 y_h 和 y_p 加起來就是該微分方程式的通解了。亦即

$$y = y_h + y_p = c_1y_1(x) + c_2y_2(x) + \phi(x)$$

其中 $y_1(x)$ 和 $y_2(x)$ 分別為齊次微分方程式的兩個解，且其朗斯基 $w(y_1, y_2) \neq 0$。另外，通解中含有 c_1 和 c_2 兩個常數，如要得到它們的確切值，必需有初始條件或邊界條件代入才能求得。

當 y_{1p} 及 y_{2p} 分別為二個非齊次微分方程式的特解時，則

$$y''_{1p} + p(x)y'_{1p} + q(x)y_{1p} = r_1(x)$$

$$y''_{2p} + p(x)y'_{2p} + q(x)y_{2p} = r_2(x)$$

可推導出 $y_p = y_{1p} + y_{2p}$ 可以滿足 $y'' + p(x)y' + q(x)y = r_1(x) + r_2(x)$，為其特解稱為"重疊原理"。

重疊原理可以適用於更多非齊次微分方程中，亦即，y_{1p}，y_{2p}，$\cdots$，y_{np} 分別為 n 個非齊次微分方程的特解時，亦即

$$y''_{1p} + p(x)y'_{1p} + q(x)y_{1p} = r_1(x)$$

$$\vdots$$

$$y''_{np} + p(x)y'_{np} + q(x)y_{np} = r_n(x)$$

則 $y_p = y_{1p} + y_{2p} + \cdots + y_{np}$ 為微分方程式

$$y'' + p(x)y' + q(x)y = r_1(x) + r_2(x) + \cdots + r_n(x)$$ 之特解。

在反向處理方面，亦可證明，當微分方程式為

$$y'' + p(x)y' + q(x)y = r_1(x) + r_2(x) + \cdots + r_n(x)\text{時，可將其分解為}$$

$$y'' + p(x)y' + q(x)y = r_1(x)$$

$$\vdots$$

$$y'' + p(x)y' + q(x)y = r_n(x)$$

分別求出各微分方程式的特解 y_{1p}，y_{2p}，$\cdots$，y_{np} 後，再將其疊加起來，

亦即 $y_p = y_{1p} + y_{2p} + \cdots + y_{np}$，

則 y_p 必為 $y'' + p(x)y' + q(x)y = r_1(x) + r_2(x) + \cdots + r_n(x)$ 之特解。

● 例題 **7-7**

試驗證 $y_{1p} = e^{2x}$ 和 $y_{2p} = xe^{2x}$ 分別為 $y'' - 2y' + 2y = 2e^{2x}$ 及
$y'' - 2y' + 2y = 2e^{2x} + 2xe^{2x}$ 之特解。

解 (1) 將 $y_{1p} = e^{2x}$ 代入第一個微分方程式中即可驗證。

因 $y'_{1p} = 2e^{2x}$，$y''_{1p} = 4e^{2x}$，則

$4e^{2x} - 2(2e^{2x}) + 2e^{2x} = 4e^{2x} - 4e^{2x} + 2e^{2x} = 2e^{2x}$，

故 y_{1p} 為該微分方程式的解

(2) 將 $y_{2p} = xe^{2x}$ 代入第二個微分方程式中即可驗證，

因 $y'_{2p} = e^{2x} + 2xe^{2x}$

$y''_{2p} = 2e^{2x} + 2e^{2x} + 4xe^{2x} = 4e^{2x} + 4xe^{2x}$，則

$(4e^{2x} + 4xe^{2x}) - 2(e^{2x} + 2xe^{2x}) + 2xe^{2x}$

$= 4e^{2x} + 4xe^{2x} - 2e^{2x} - 4xe^{2x} + 2xe^{2x}$

$= 2e^{2x} + 2xe^{2x}$，

故 y_{2p} 為該微分方程式的解

● 例題 7-8

上例題中，試驗證 $y_p = y_{1p} + y_{2p} = e^{2x} + xe^{2x}$ 為微分方程式
$y'' - 2y' + 2y = 4e^{2x} + 2xe^{2x}$ 之特解。

解　$y_p = e^{2x} + xe^{2x}$，$y'_p = 2e^{2x} + e^{2x} + 2xe^{2x} = 3e^{2x} + 2xe^{2x}$

$y''_p = 6e^{2x} + 2e^{2x} + 4xe^{2x} = 8e^{2x} + 4xe^{2x}$

代入微分方程式中，得

$(8e^{2x} + 4xe^{2x}) - 2(3e^{2x} + 2xe^{2x}) + 2(e^{2x} + xe^{2x})$

$= 8e^{2x} + 4xe^{2x} - 6e^{2x} - 4xe^{2x} + 2e^{2x} + 2xe^{2x}$

$= 4e^{2x} + 2xe^{2x}$

故 y_p 為該微分方程式的解

● 例題 7-9

若 $y_{1p} = \sin x$，$y_{2p} = \cos x$ 分別為微分方程式 $y'' + y' + y = \cos x$ 以及 $y'' + y' + y = -\sin x$ 的特解，試驗證 $y_p = \cos x + \sin x$ 為微分方程式 $y'' + y' + y = \cos x - \sin x$ 之特解。

解　(1) $y_{1p} = \sin x$，$y'_{1p} = \cos x$，$y''_{1p} = -\sin x$，代入第一個微分方程式得

$(-\sin x) + \cos x + \sin x = \cos x$，

故 $y_{1p} = \sin x$ 為其解。

(2) $y_{2p} = \cos x$，$y'_{2p} = -\sin x$，$y''_{2p} = -\cos x$，代入第二個微分方程式得

$(-\cos x) + (-\sin x) + \cos x = -\sin x$，

故 $y_{2p} = \cos x$ 為其解。

(3) $y_p = y_{1p} + y_{2p} = \sin x + \cos x$

$y'_p = \cos x - \sin x$，$y''_p = -\sin x - \cos x$，代入方程式得

$(-\sin x - \cos x) + (\cos x - \sin x) + (\sin x + \cos x)$

$= \cos x - \sin x$，故 $y_p = \sin x + \cos x$ 為其解。

● 例題 **7-10**

試驗證 $y_{1p} = e^{x^2}$ 與 $y_{2p} = xe^{x^2}$ 分別爲微分方程式

$y'' - 2xy' + xy = (2+x)e^{x^2}$ ， $y'' - 2xy' + xy = (x^2+4x)e^{x^2}$ 之特解。

解 (1) $y_{1p} = e^{x^2}$ ， $y'_{1p} = 2xe^{x^2}$ ， $y''_{1p} = 2e^{x^2} + 4x^2e^{x^2}$ ，代入得

$\quad (2e^{x^2} + 4x^2e^{x^2}) - 2x(2xe^{x^2}) + x(e^{x^2})$

$\quad = 2e^{x^2} + 4x^2e^{x^2} - 4x^2e^{x^2} + xe^{x^2} = (2+x)e^{x^2}$

故 y_{1p} 爲第一個微分方程式之解

(2) $y_{2p} = xe^{x^2}$ ， $y'_{2p} = e^{x^2} + 2x^2e^{x^2}$

$\quad y''_{2p} = 2xe^{x^2} + 4xe^{x^2} + 4x^3e^{x^2}$ 代入微分方程式得

$\quad (4x^3e^{x^2} + 6xe^{x^2}) - 2x(e^{x^2} + 2x^2e^{x^2}) + x(xe^{x^2})$

$\quad = 4x^3e^{x^2} + 6xe^{x^2} - 2xe^{x^2} - 4x^3e^{x^2} + x^2e^{x^2}$

$\quad = 4xe^{x^2} + x^2e^{x^2} = (x^2+4x)e^{x^2}$

故 y_{2p} 亦爲微分方程式之解

● 例題 **7-11**

試驗證上例題中 $y_p = y_{1p} + y_{2p} = e^{x^2} + xe^{x^2}$ 爲微分方程式

$y'' - 2xy' + xy = (2+5x+x^2)e^{x^2}$ 之特解。

解 $y_p = e^{x^2} + xe^{x^2}$ ， $y'_p = 2xe^{x^2} + e^{x^2} + 2x^2e^{x^2}$

$\quad y''_p = 2e^{x^2} + 4x^2e^{x^2} + 2xe^{x^2} + 4xe^{x^2} + 4x^3e^{x^2}$

$\quad = 2e^{x^2} + 6xe^{x^2} + 4x^2e^{x^2} + 4x^3e^{x^2}$

代入微分方程式中得

$2e^{x^2} + 6xe^{x^2} + 4x^2e^{x^2} + 4x^3e^{x^2} - 2x(2xe^{x^2} + e^{x^2} + 2x^2e^{x^2}) + x(e^{x^2} + xe^{x^2})$

$= 2e^{x^2} + 6xe^{x^2} + 4x^2e^{x^2} + 4x^3e^{x^2} - 4x^2e^{x^2} - 2xe^{x^2} - 4x^3e^{x^2} + xe^{x^2} + x^2e^{x^2}$

$= 2e^{x^2} + 5xe^{x^2} + x^2e^{x^2} = (2+5x+x^2)e^{x^2}$

故 $y_p = e^{x^2} + xe^{x^2}$ 爲微分方程式之特解

四　利用降階法求二階微分方程式的解

　　二階線性微分方程式求解不易，縱使該方程式為齊次，還是不易求得。假設二階微分方程式的一個解 y_1 為已知，則可以將方程式簡化降階為一階微分方程式並求得另一解 y_2，推導之法甚為繁複而從略，其步驟如下：

1.　將方程式化為 $y'' + p(x)y' + q(x)y = 0$ 之型式

2.　**確認 y_1 為微分方程式之一解**

3.　**設另一解為 $y_2 = \phi(x)y_1$，其中**

$$\phi(x) = \int \frac{e^{-\int p(x)\,dx}}{y_1^2}\,dx$$

4.　驗證 y_2 為微分方程式之另一解，且 $w(y_1, y_2) \neq 0$

● 例題 7-12

已知下列各題中，微分方程式之一個解為 y_1，試求另一解 y_2

(1) $x^2 y'' - 2y = 0$，$y_1 = x^2$

(2) $y'' - 2y' + y = 0$，$y_1 = e^x$

解 (1) $x^2 y'' - 2y = 0$，$p(x) = 0$，$y_1 = x^2$

$$\phi(x) = \int \frac{e^{-\int p(x)\,dx}}{y_1^2}\,dx = \int \frac{e^{-\int 0\,dx}}{x^4} = \int \frac{1}{x^4}\,dx$$

$$= \int x^{-4}\,dx = -\frac{1}{3}x^{-3}$$

則 $y_2 = \phi(x)y_1 = (-\frac{1}{3}x^{-3})(x^2) = -\frac{1}{3}x^{-1} = -\frac{1}{3x}$

為微分方程式之另一解，朗斯基驗證如下：

$$w(y_1, y_2) = \begin{vmatrix} y_1 & y_2 \\ y'_1 & y'_2 \end{vmatrix} = \begin{vmatrix} x^2 & -\dfrac{1}{3}x^{-1} \\ 2x & \dfrac{1}{3}x^{-2} \end{vmatrix} = \frac{1}{3} + \frac{2}{3} = 1 \neq 0$$

(2) $y'' - 2y' + y = 0$，$p(x) = -2$，$y_1 = e^x$

$$\phi(x) = \int \frac{e^{-\int p(x)\,dx}}{y_1^2}\,dx = \int \frac{e^{\int 2\,dx}}{e^{2x}}\,dx = \int \frac{e^{2x}}{e^{2x}}\,dx = \int dx = x$$

則 $y_2 = xe^x$ 為微分方程式之另一解，朗斯基驗證如下：

$$w(y_1, y_2) = \begin{vmatrix} y_1 & y_2 \\ y'_1 & y'_2 \end{vmatrix} = \begin{vmatrix} e^x & xe^x \\ e^x & e^x + xe^x \end{vmatrix} = e^{2x} + xe^{2x} - xe^{2x} \neq 0$$

● 例題 7-13

求上例題中各微分方程式之通解。

解 通解為 $y = c_1 y_1 + c_2 y_2$，故得

(1) $y = c_1 x^2 - \dfrac{c_2}{3x}$ 為其通解

(2) $y = c_1 e^x + c_2 xe^x$ 為其通解

練習題

1. 求下列微分方程式之另一解及通解

(1) $y'' - 6y' + 9y = 0$，$y_1 = e^{3x}$

(2) $y'' + 4y = 0$，$y_1 = \sin 2x$

(3) $x^2 y'' + 2xy' - 2y = 0$，$y_1 = x$

(4) $x^2 y'' + 3xy' + y = 0$，$y_1 = \dfrac{1}{x}$

(5) $y'' + y = 0$，$y_1 = \cos x$

課後作業

1. 求可微分方程式 $y_1 = x^2$，$y_2 = x^3$ 之朗斯基及朗斯基微分。

2. 微分方程式 $x^2 y'' - xy' + y = 0$ 之一個解為 $y_1 = x$，試求另一解 y_2 及其通解？

3. 微分方程式 $xy'' - 4y = 0$ 之一個解為 $y_1 = e^{2x}$，試求另一解 y_2 及其通解。

4. 微分方程式 $x^2y'' + xy' - y = 0$ 之一個解為 $y_1 = x$，試求另一解 y_2 及其通解。

5. 微分方程式 $y'' - y' + 3y = 0$ 之一個解為 $y_1 = e^{2x}$，試求另一解 y_2 及其通解。

08

矩陣與行列式

學習重點

本章主要介紹矩陣的定義以及其所顯示的各種型態，以及矩陣相加、相乘等運算方式。對於方矩陣，則進一步探討其行列式的求法，行列式的性質與應用，以及反矩陣的求法，以為後續章節研讀的基礎。

在許多數學應用中，常將多個數或函數排列成有規則的陣列，透過這些有規則陣列的運算來求得問題的解，此等有規則的陣列被稱為矩陣(matrix)。矩陣中行數和列數相等的方矩陣可以求得一個特殊的數值，稱為行列式(determinant)。

一　矩陣的定義與型態

一組具有特殊意義的數或函數排列成為陣列，如點在空間中的位置可記為 $[a_x\ a_y\ a_z]$ 或 $\begin{bmatrix} a_x \\ a_y \\ a_z \end{bmatrix}$。前者稱為列矩陣，後者稱為行矩陣，如為 3 個點，可標記為 $\begin{bmatrix} a_x & a_y & a_z \\ b_x & b_y & b_z \\ c_x & c_y & c_z \end{bmatrix}$，

稱為 3×3 矩陣，第一列為第一個點的坐標，依此類推，此矩陣亦可標記為 $\begin{bmatrix} a_x & b_x & c_x \\ a_y & b_y & c_y \\ a_z & b_z & c_z \end{bmatrix}$，

選擇何種標記方法端看解題者的需求。

A. 矩陣的階

矩陣 $[A] = \begin{bmatrix} a_{11} & a_{12} & \cdots & a_{1n} \\ a_{21} & a_{22} & \cdots & a_{2n} \\ \vdots & & & \\ a_{m1} & a_{m2} & \cdots & a_{mn} \end{bmatrix}_{m \times n}$ 為 m 列 × n 行之矩陣，此時 $m \times n$ 稱為矩陣

A 的階數，a_{ij} 表示矩陣 $[A]$ 中第 i 列與第 j 行的那個元素。

● 例題 8-1

矩陣 $[A] = \begin{bmatrix} 2 & 3 & 1 & 3 \\ 1 & -1 & 2 & 2 \\ 3 & 4 & 1 & 1 \end{bmatrix}$，求

(1) $[A]$的階數。

(2) 若每一列中前三個元素代表某一物體在空間中的位置，第四個元素代表時間（秒），則何時該物體最接近原點。

解 (1) $[A]$矩陣有 3 列，4 行，可記為$[a_{ij}]_{3\times4}$，故為 3×4 階矩陣。

(2) $t = 1$ 秒時，$d_1 = \sqrt{3^2 + 4^2 + 1^2} = \sqrt{26}$

$t = 2$ 秒時，$d_2 = \sqrt{1^2 + (-1)^2 + 2^2} = \sqrt{6}$

$t = 3$ 秒時，$d_3 = \sqrt{2^2 + 3^2 + 1^2} = \sqrt{14}$，故 $t = 2$ 秒時離原點最近。

B. 矩陣的型式

　　矩陣的型式或狀態有很多種，每一種都是依其處理問題的需要或處理問題時自然所產生，介紹如下：

1.　列矩陣

　　只有單一個列的矩陣，有時也稱為列向量，如$[1\ -1]$，$[2\ 3\ 1]$

2.　行矩陣

　　只有單一個行的矩陣，有時也稱為行向量，如$\begin{bmatrix} 1 \\ 2 \end{bmatrix}$，$\begin{bmatrix} 3 \\ 1 \\ 2 \end{bmatrix}$。

3.　方矩陣

　　矩陣中若列數與行數一樣多，就稱為方矩陣，如$\begin{bmatrix} 1 & 2 \\ 3 & 4 \end{bmatrix}$，

$[A] = \begin{bmatrix} a_{11} & a_{12} & a_{13} \\ a_{21} & a_{22} & a_{23} \\ a_{31} & a_{32} & a_{33} \end{bmatrix} = [A_{ij}]_{3\times3}$。

方矩陣中由左上往右下對角線上的元素相加起來的和稱為矩陣的跡，亦即 $\text{tr}[A] = a_{11} + a_{22} + a_{33}$。

4. 零矩陣

   矩陣中所有元素的值均為零時，該矩陣即為零矩陣，如 $\begin{bmatrix} 0 & 0 \\ 0 & 0 \end{bmatrix}$，$[0\ 0\ 0]$

5. 三角矩陣

   方矩陣中，若對角線之下方所有元素均為零時，該矩陣稱為上三角矩陣，若對角線上方所有元素均為零，則稱為下三角矩陣，如

   $\begin{bmatrix} 1 & 3 & -1 \\ 0 & 0 & 2 \\ 0 & 0 & 3 \end{bmatrix}$（上三角矩陣）

   $\begin{bmatrix} 3 & 0 & 0 \\ 2 & 1 & 0 \\ 1 & 3 & -1 \end{bmatrix}$（下三角矩陣）

6. 對角矩陣與單位矩陣

   除對角線的元素之數值以外，其餘元素的數值均為零的矩陣稱為對角矩陣，如對角矩陣中所有元素的值都是 1，則稱為單位矩陣。

   $\begin{bmatrix} a_{11} & 0 & 0 \\ 0 & a_{22} & 0 \\ 0 & 0 & a_{33} \end{bmatrix}$（對角矩陣），$\begin{bmatrix} 1 & 0 & 0 \\ 0 & 1 & 0 \\ 0 & 0 & 1 \end{bmatrix}$（單位矩陣）

7. 轉置矩陣

   若將 $m{\times}n$ 階之矩陣的行和列依序調換得到一個 $n{\times}m$ 階矩陣，則二者互為轉置矩陣。

二　矩陣之運算

1. 矩陣的加減及純量相乘

   相同階數的矩陣之間才可以做加、減運算，運算時分別把同一個行列位置的值做加、減運算即可。矩陣純量相乘則是將該純量乘以矩陣中所有元素之意。

● 例題 **8-2**

若 $[A] = [1 \ 2]$，$[B] = \begin{bmatrix} 1 \\ -1 \end{bmatrix}$，$[C] = \begin{bmatrix} 1 & 3 \\ 2 & 4 \end{bmatrix}$，$[D] = \begin{bmatrix} 1 & 2 & 3 \\ 4 & 5 & 6 \end{bmatrix}$，$[E] = \begin{bmatrix} 2 & 3 \\ 0 & 1 \end{bmatrix}$，

$[F] = \begin{bmatrix} 3 & -1 \\ 1 & 2 \\ 2 & 1 \end{bmatrix}$

求 (1)$[A] + [B]$　(2)$[C] + [E]$　(3)$[D] + [E]$　(4)$3[D]$　(5)$2[F]$。

解 (1) $[A]$和$[B]$兩矩陣的階不同，無法運算

　　(2) $[C] + [E] = \begin{bmatrix} 1 & 3 \\ 2 & 4 \end{bmatrix} + \begin{bmatrix} 2 & 3 \\ 0 & 1 \end{bmatrix} = \begin{bmatrix} 1+2 & 3+3 \\ 2+0 & 4+1 \end{bmatrix} = \begin{bmatrix} 3 & 6 \\ 2 & 5 \end{bmatrix}$

　　(3) $[D]$和$[E]$兩矩陣的階不同，無法運算

　　(4) $3[D] = 3 \begin{bmatrix} 1 & 2 & 3 \\ 4 & 5 & 6 \end{bmatrix} = \begin{bmatrix} 3 & 6 & 9 \\ 12 & 15 & 18 \end{bmatrix}$

　　(5) $2[F] = 2 \begin{bmatrix} 3 & -1 \\ 1 & 2 \\ 2 & 1 \end{bmatrix} = \begin{bmatrix} 6 & -2 \\ 2 & 4 \\ 4 & 2 \end{bmatrix}$

2. 矩陣的乘法

　　兩個矩陣要能相乘，需前面矩陣的行數與後面矩陣的列數相等，否則無法相乘，相乘後之矩陣的階為前面矩陣的列數乘以後面矩陣的行數，亦即

　　　　$[A]_{m \times n} \times [B]_{n \times p} = [C]_{m \times p}$

　　其中 $c_{ij} = a_{i1} \times b_{1j} + a_{i2} \times b_{2j} + \cdots + a_{in} \times b_{nj}$

● 例題 8-3

於【例題 8-2】中，求(1)$[A]\times[B]$　(2)$[A]\times[C]$　(3)$[C]\times[B]$　(4)$[C]\times[D]$
(5)$[C]\times[F]$　(6)$[D]\times[F]$　(7)$[F]\times[D]$　(8)$[D]\times[F]\times[E]$

解 (1) $[A]\times[B]=[1\quad 2]\times\begin{bmatrix}1\\-1\end{bmatrix}=[1\times1+2\times(-1)]=[-1]$

(2) $[A]\times[C]=[1\quad 2]\times\begin{bmatrix}1&3\\2&4\end{bmatrix}=[(1\times1+2\times2)\quad(1\times3+2\times4)]=[5\quad 11]$

(3) $[C]\times[B]=\begin{bmatrix}1&3\\2&4\end{bmatrix}\times\begin{bmatrix}1\\-1\end{bmatrix}=\begin{bmatrix}1\times1+3\times(-1)\\2\times1+4\times(-1)\end{bmatrix}=\begin{bmatrix}-2\\-2\end{bmatrix}$

(4) $[C]\times[D]=\begin{bmatrix}1&3\\2&4\end{bmatrix}\times\begin{bmatrix}1&2&3\\4&5&6\end{bmatrix}=\begin{bmatrix}1\times1+3\times4&1\times2+3\times5&1\times3+3\times6\\2\times1+4\times4&2\times2+4\times5&2\times3+4\times6\end{bmatrix}$

$\quad=\begin{bmatrix}13&17&21\\18&24&30\end{bmatrix}$

(5) $[C]\times[F]=\begin{bmatrix}1&3\\2&4\end{bmatrix}\times\begin{bmatrix}3&-1\\1&2\\2&1\end{bmatrix}$，$[C]_{2\times2}$，$[F]_{3\times2}$，故無法相乘 3×2

(6) $[D]\times[F]=\begin{bmatrix}1&2&3\\4&5&6\end{bmatrix}\times\begin{bmatrix}3&-1\\1&2\\2&1\end{bmatrix}=\begin{bmatrix}1\times3+2\times1+3\times2&1\times(-1)+2\times2+3\times1\\4\times3+5\times1+6\times2&4\times(-1)+5\times2+6\times1\end{bmatrix}$

$\quad=\begin{bmatrix}11&6\\29&12\end{bmatrix}$

(7) $[F]\times[D]=\begin{bmatrix}3&-1\\1&2\\2&1\end{bmatrix}\times\begin{bmatrix}1&2&3\\4&5&6\end{bmatrix}$

$\quad=\begin{bmatrix}3\times1+(-1)\times4&3\times2+(-1)\times5&3\times3+(-1)\times6\\1\times1+2\times4&1\times2+2\times5&1\times3+2\times6\\2\times1+1\times4&2\times2+1\times5&2\times3+1\times6\end{bmatrix}$

$\quad=\begin{bmatrix}-1&1&3\\9&12&15\\6&9&12\end{bmatrix}$

(8) $[D]\times[F]\times[E]=\begin{bmatrix}11&6\\29&12\end{bmatrix}\times\begin{bmatrix}2&3\\0&1\end{bmatrix}=\begin{bmatrix}11\times2+6\times0&11\times3+6\times1\\29\times2+12\times0&29\times3+12\times1\end{bmatrix}=\begin{bmatrix}22&39\\58&99\end{bmatrix}$

由上例題中可知，矩陣相乘不具有交換性，亦即

$$[A] \times [B] \neq [B] \times [A]$$

不過，矩陣相乘卻適用於分配律與結合律，即

$$[A] \times ([B] + [C]) = [A] \times [B] + [A] \times [C]$$

$$([A] \times [B]) \times [C] = [A] \times ([B] \times [C])$$

 練習題 ▪ ▪ ▪ ▪ ▪ ▪

1. 若 $[A] = \begin{bmatrix} 1 & 2 & -1 \\ 2 & 3 & 0 \\ 1 & -2 & 1 \end{bmatrix}$，$[B] = \begin{bmatrix} 2 & 1 & 1 \\ 1 & -3 & 1 \\ 3 & 0 & 2 \end{bmatrix}$，$[C] = \begin{bmatrix} 0 & 1 & 3 \\ 2 & 1 & -1 \\ 1 & 2 & 1 \end{bmatrix}$，求

   (1) $[A] + [B] - [C]$

   (2) 求 $3[A] - 2[C]$

   (3) $[A] \times [B]$

   (4) $[B] \times [A]$

   (5) $3[A] \times [B]$

2. 矩陣 $[A]$，$[B]$，$[C]$ 如上題

   (1) 試驗證矩陣相乘不適用交換律。

   (2) 試驗證矩陣相乘適用分配律。

   (3) 試驗證矩陣相乘適用結合律。

3. 試求 $[A]$，$[B]$，$[C]$ 之轉置矩陣 $[A]^T$，$[B]^T$ 和 $[C]^T$，並驗證
   $([A] + [B])^T = [A]^T + [B]^T$ 是否為真？

三 方矩陣的行列式

n 階方矩陣$[A]$的行列式標記為

$$\det[A]=|A|=\begin{vmatrix} a_{11} & a_{12} & \cdots & a_{1n} \\ a_{21} & a_{22} & \cdots & a_{2n} \\ \vdots & & & \\ a_{n1} & a_{n2} & \cdots & a_{nn} \end{vmatrix}$$

方矩陣的行列式值為該矩陣的一個特殊值，兩個具有相同行列式值的矩陣必定相似。計算方矩陣的行列式很簡單，若 $n \leq 3$，行列式的值可直接求得，方法如下：

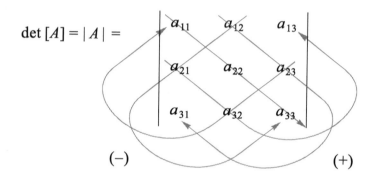

方矩陣之行列式為一個數值，非方矩陣沒有行列式

● 例題 8-4

求矩陣之行列式值(1)$[A] = [-2]$，(2)$[B]=\begin{bmatrix} 1 \\ 2 \end{bmatrix}$，(3)$[C]=\begin{bmatrix} 1 & -1 \\ 3 & 2 \end{bmatrix}$，

(4)$[D]=\begin{bmatrix} 1 & 3 & 1 \\ 2 & 0 & -2 \end{bmatrix}$，(5)$[E]=\begin{bmatrix} 1 & 0 & -1 \\ 2 & 1 & 3 \\ -2 & 1 & 2 \end{bmatrix}$，(6)$[F] = [-2 \quad 1]$，(7)$[C] \times [B]$，

(8)$[C] \times [D]$，(9)$[B] \times [F]$。

解 (1) $\det[A] = |A| = -2$

(2) $\det[B] = |B|$ (非方矩陣，故無行列式)

(3) $\det[C] = |C| = \begin{vmatrix} 1 & -1 \\ 3 & 2 \end{vmatrix} = 1 \times 2 - (-1) \times 3 = 5$

(4) $\det[D] = |D|$ (非方矩陣，故無行列式)

(5) $\det[E] = |E| = \begin{vmatrix} 1 & 0 & -1 \\ 2 & 1 & 3 \\ -2 & 1 & 2 \end{vmatrix}$

$\qquad = (1 \times 1 \times 2) + [2 \times 1 \times (-1)] + 0 - [(-1) \times 1 \times (-2)] - 0 - (3 \times 1 \times 1)$

$\qquad = 2 - 2 + 0 - 2 - 0 - 3 = -5$

(6) $\det[F] = |F|$ (非方矩陣，故無行列式)

(7) $[C] \times [B] = \begin{bmatrix} 1 & -1 \\ 3 & 2 \end{bmatrix} \times \begin{bmatrix} 1 \\ 2 \end{bmatrix} = \begin{bmatrix} 1 \times 1 + (-1) \times 2 \\ 3 \times 1 + 2 \times 2 \end{bmatrix} = \begin{bmatrix} -1 \\ 7 \end{bmatrix}$

因$[C] \times [B]$非方矩陣，故無行列式

(8) $[C] \times [D] = \begin{bmatrix} 1 & -1 \\ 3 & 2 \end{bmatrix} \times \begin{bmatrix} 1 & 3 & 1 \\ 2 & 0 & -2 \end{bmatrix} = \begin{bmatrix} -1 & 3 & 3 \\ 7 & 9 & -1 \end{bmatrix}$

非方矩陣，故無行列式

(9) $[B] \times [F] = \begin{bmatrix} 1 \\ 2 \end{bmatrix} \times [-2 \quad 1] = \begin{bmatrix} -2 & 1 \\ -4 & 2 \end{bmatrix}$

$\det([B] \times [F]) = (-2) \times 2 - (-4) \times 1 = -4 + 4 = 0$

　　當方矩陣的階 $n > 3$ 時，不可以直接用前述方法求得行列式的值，必需先將行列式降為 3 階或 3 階以下才能運用上述方法運算。若$[A] = [a_{ij}]$為 n 階方矩陣，定義$[A]$中任意元素 a_{ij} 的餘因子 A_{ij} 為 $A_{ij} = (-1)^{i+j}$ [矩陣$[A]$去掉第 i 列和第 j 行後的剩餘矩陣行列式]

　　當 A_{ij} 為 3 階或 3 階以下時，則方矩陣$[A]$的行列式值為

$$\det[A] = \sum_{k=1}^{n} a_{ik} A_{ik} \text{ 或}$$

$$\det[A] = \sum_{k=1}^{n} a_{kj} A_{kj}$$

前者為第 i 列餘因子展開法，後者則稱第 j 行餘因子展開法，兩者所得到的行列式值完全相同。

● 例題 8-5

若 $[A] = \begin{bmatrix} 1 & 2 & 0 \\ 2 & 3 & -3 \\ -1 & 1 & 2 \end{bmatrix}$，試以第一列和第二行餘因子展開法求 $\det[A]$？

解 (1) 第一列餘因子展開

$$A_{11} = (-1)^{1+1} \begin{vmatrix} 3 & -3 \\ 1 & 2 \end{vmatrix} = (1)(6+3) = 9$$

$$A_{12} = (-1)^{1+2} \begin{vmatrix} 2 & -3 \\ -1 & 2 \end{vmatrix} = (-1)(4-3) = -1$$

$$A_{13} = (-1)^{1+3} \begin{vmatrix} 2 & 3 \\ -1 & 1 \end{vmatrix} = (1)(2+3) = 5$$

則 $\det[A] = a_{11}A_{11} + a_{12}A_{12} + a_{13}A_{13}$

$$= (1)(9) + (2)(-1) + (0)(5)$$

$$= 7$$

本題中 A_{13} 項可以不必求，因 $a_{13} = 0$，則 $a_{13}A_{13} = 0$

(2) 第二行餘因子展開

$$A_{12} = (-1)^{1+2} \begin{vmatrix} 2 & -3 \\ -1 & 2 \end{vmatrix} = (-1)(4-3) = -1$$

$$A_{22} = (-1)^{2+2} \begin{vmatrix} 1 & 0 \\ -1 & 2 \end{vmatrix} = (1)(2) = 2$$

$$A_{32} = (-1)^{3+2} \begin{vmatrix} 1 & 0 \\ 2 & -3 \end{vmatrix} = (-1)9-3) = 3$$

則 $\det[A] = a_{12}A_{12} + a_{22}A_{22} + a_{32}A_{32}$

$$= (2)(-1) + (3)(2) + (1)(3)$$

$$= 7$$

● 例題 8-6

若 $[A] = \begin{bmatrix} 1 & 3 & -2 & 2 \\ 2 & 1 & 1 & 0 \\ 0 & 2 & 0 & -1 \\ -1 & 4 & 3 & 1 \end{bmatrix}$，試以第一列餘因子展開法求 $\det[A]$？

解
$$A_{11} = (-1)^{1+1} \begin{vmatrix} 1 & 1 & 0 \\ 2 & 0 & -1 \\ 4 & 3 & 1 \end{vmatrix} = (1)[0 + 0 - 4 - 0 - 2 - (-3)]$$

$$= (1)(-3) = -3$$

$$A_{12} = (-1)^{1+2} \begin{vmatrix} 2 & 1 & 0 \\ 0 & 0 & -1 \\ -1 & 3 & 1 \end{vmatrix} = (-1)[0 + 0 + 1 - 0 - 0 - (-6)]$$

$$= (-1)(7) = -7$$

$$A_{13} = (-1)^{1+3} \begin{vmatrix} 2 & 1 & 0 \\ 0 & 2 & -1 \\ -1 & 4 & 1 \end{vmatrix} = (1)[4 + 0 + 1 - 0 - 0 - (-8)]$$

$$= (1)(13) = 13$$

$$A_{14} = (-1)^{1+4} \begin{vmatrix} 2 & 1 & 1 \\ 0 & 2 & 0 \\ -1 & 4 & 3 \end{vmatrix} = (-1)[12 + 0 + 0 + 2 - 0 - 0]$$

$$= (-1)(14) = -14$$

則 $\det[A] = a_{11}A_{11} + a_{12}A_{12} + a_{13}A_{13} + a_{14}A_{14}$

$$= (1)(-3) + (3)(-7) + (-2)(13) + (2)(-14)$$

$$= -3 - 21 - 26 - 28$$

$$= -78$$

本題如果自由任意選擇展開列或展開行，以第三列為最佳，a_{31} 和 a_{33} 均為零，僅需求 A_{32} 和 A_{34} 兩個餘因子即可。

● 例題 **8-7**

上例題中，試以第二行餘因子展開法求 $\det[A]$？

解 $A_{12} = (-1)^{1+2} \begin{vmatrix} 2 & 1 & 0 \\ 0 & 0 & -1 \\ -1 & 3 & 1 \end{vmatrix} = (-1)[0+0+1-0-0-(-6)]$

$\qquad = (-1)(7) = -7$

$A_{22} = (-1)^{2+2} \begin{vmatrix} 1 & -2 & 2 \\ 0 & 0 & -1 \\ -1 & 3 & 1 \end{vmatrix} = (1)[0+0+(-2)-0-0-(-3)]$

$\qquad = (1)(1) = 1$

$A_{32} = (-1)^{3+2} \begin{vmatrix} 1 & -2 & 2 \\ 2 & 1 & 0 \\ -1 & 3 & 1 \end{vmatrix} = (-1)[1+12+0-(-2)-0-(-4)]$

$\qquad = (-1)(19) = -19$

$A_{42} = (-1)^{4+2} \begin{vmatrix} 1 & -2 & 2 \\ 2 & 1 & 0 \\ 0 & 0 & -1 \end{vmatrix} = (1)[(-1)+0+0+0-0-4]$

$\qquad = (1)(-5) = -5$

則 $\det[A] = a_{12}A_{12} + a_{22}A_{22} + a_{32}A_{32} + a_{42}A_{42}$

$\qquad = (3)(-7) + (1)(1) + (2)(-19) + (4)(-5)$

$\qquad = -21 + 1 - 38 - 20$

$\qquad = -78$

四　行列式的性質與應用

　　行列式在許多領域的數學運算上常被應用來做為解題工具，對行列式性質的熟悉有助於簡化運算過程

1. 方矩陣中如有任一行或任一列之元素均為零，則其行列式的值為零。

2. 方矩陣中若任兩行或任兩列之元素，對應成比例，則其行列式的值為零。

3. 方矩陣中若任兩行或任兩列對調，則行列式的值變號。

4. 方矩陣中任一行或任一列可以提出公約數再求行列式的值。

5. 方矩陣中任何一行乘以一常數後再加到任何一行時，其行列式值不變，列的情況亦同。

6. **將 n 階方矩陣乘以一常數 k，則**

   $\det(k[A]) = k^n\det[A]$

7. 兩矩陣相乘，其行列式值等於各自的行列式值相乘，兩矩陣相加則無此關係

   $\det([A][B]) = \det[A] \cdot \det[B]$

   $\det([A] + [B]) \neq \det[A] + \det[B]$

8. **方矩陣轉置後其行列式值不變**

   $\det[A] = \det[A]^T$

9. 方矩陣中任一行或任一列之元素可分解為二，矩陣亦可分解為二，其行列式不變，以二階方矩陣為例

   $$\begin{bmatrix} a_{11} & a_{12} \\ a_{21} & a_{22} \end{bmatrix} = \begin{bmatrix} a_{11} & b_{12}+c_{12} \\ a_{21} & b_{22}+c_{22} \end{bmatrix} = \begin{bmatrix} a_{11} & b_{12} \\ a_{21} & b_{22} \end{bmatrix} + \begin{bmatrix} a_{11} & c_{12} \\ a_{21} & c_{22} \end{bmatrix}$$

   則 $\det[A] = \det[B] + \det[C]$ (具有線性性質)

● 例題 **8-8**

若 $[A] = \begin{bmatrix} 1 & 2 \\ 2 & 4 \end{bmatrix}$，$[B] = \begin{bmatrix} 0 & -1 & -2 \\ 0 & 3 & 1 \\ 0 & 2 & -3 \end{bmatrix}$，$[C] = \begin{bmatrix} 1 & -1 & -2 \\ 0 & 3 & 2 \\ 1 & 2 & -3 \end{bmatrix}$，$[D] = \begin{bmatrix} 1 & 2 & 3 \\ 0 & 0 & 0 \\ 1 & 3 & 2 \end{bmatrix}$，

$[E] = \begin{bmatrix} 12 & 24 & 36 \\ 1 & 3 & 2 \\ -3 & 2 & -1 \end{bmatrix}$，$[F] = \begin{bmatrix} 0 & -1 & 2 \\ 1 & 3 & 0 \\ 2 & 1 & 1 \end{bmatrix}$

求(1)行列式值為零的矩陣

(2)行列式值 $\det[3[C]]$

(3)$\det[E]$

(4)$\det[E]^T$

解 (1) $[A]$的第一行與第二行之對應元素成比例，故 $\det[A] = 0$

$[B]$與$[D]$有整行或整列元素均為零，故 $\det[B] = 0$，$\det[D] = 0$

(2) $3[C] = 3\begin{bmatrix} 1 & -1 & -2 \\ 0 & 3 & 2 \\ 1 & 2 & -3 \end{bmatrix} = \begin{bmatrix} 3 & -3 & -6 \\ 0 & 9 & 6 \\ 3 & 6 & -9 \end{bmatrix}$

$\det[C] = \begin{vmatrix} 1 & -1 & -2 \\ 0 & 3 & 2 \\ 1 & 2 & -3 \end{vmatrix} = (-9 + 0 - 2) - (-6 + 4 + 0) = -11 + 2 = -9$

$\det(3[C]) = \begin{vmatrix} 3 & -3 & -6 \\ 0 & 9 & 6 \\ 3 & 6 & -9 \end{vmatrix} = (-243 + 0 - 54) - (-162 + 0 + 108)$

$= -297 + 54 = -243$

$\det(3[C]) = -243 = 27(-9) = 3^3\det[C]$

(3) $\det[E] = \begin{vmatrix} 12 & 24 & 36 \\ 1 & 3 & 2 \\ -3 & 2 & -1 \end{vmatrix} = 12\begin{vmatrix} 1 & 2 & 3 \\ 1 & 3 & 2 \\ -3 & 2 & -1 \end{vmatrix} = 12[(-3 + 6 - 12) - (-27 + 4 - 2)]$

$= 12[-9 - (-25)] = 12[16] = 192$

(4) $[E]^T = \begin{bmatrix} 12 & 1 & -3 \\ 24 & 3 & 2 \\ 36 & 2 & -1 \end{bmatrix}$

$$\det[E]^T = \begin{vmatrix} 12 & 1 & -3 \\ 24 & 3 & 2 \\ 36 & 2 & -1 \end{vmatrix} = 12 \begin{vmatrix} 1 & 1 & -3 \\ 2 & 3 & 2 \\ 3 & 2 & -1 \end{vmatrix} = 12[(-3 - 12 + 6) - (-27 + 4 - 2)]$$

$$= 12[16] = 192$$

● 例題 8-9

試以上例題中矩陣$[E]$為例，驗證矩陣的線性性質。

解 $[E] = \begin{bmatrix} 12 & 24 & 36 \\ 1 & 3 & 2 \\ -3 & 2 & -1 \end{bmatrix} = \begin{bmatrix} 6+3+3 & 9+7+8 & 20+10+6 \\ 1 & 3 & 2 \\ -3 & 2 & -1 \end{bmatrix}$

$\begin{vmatrix} 6 & 9 & 20 \\ 1 & 3 & 2 \\ -3 & 2 & -1 \end{vmatrix} + \begin{vmatrix} 3 & 7 & 10 \\ 1 & 3 & 2 \\ -3 & 2 & -1 \end{vmatrix} + \begin{vmatrix} 3 & 8 & 6 \\ 1 & 3 & 2 \\ -3 & 2 & -1 \end{vmatrix}$

$= [(-18 + 40 - 54) - (-180 + 24 - 9)] + [(-9 + 20 - 42) - (-90 - 7 + 12)]$

$\quad + [(-9 + 12 - 48) - (-54 - 8 + 12)]$

$= [-32 + 165] + [-31 + 85] + [-45 + 50]$

$= 192$

● 例題 8-10

試以上例題中之矩陣驗證 $\det([C][F]) = \det[C] \cdot \det[F]$。

解 $[C][F] = \begin{bmatrix} 1 & -1 & -2 \\ 0 & 3 & 2 \\ 1 & 2 & -3 \end{bmatrix} \begin{bmatrix} 0 & -1 & 2 \\ 1 & 3 & 0 \\ 2 & 1 & 1 \end{bmatrix} = \begin{bmatrix} -5 & -6 & 0 \\ 7 & 11 & 2 \\ -4 & 2 & -1 \end{bmatrix}$

$\det([C][F]) = [(55 + 0 + 48) - (0 - 20 + 42)] = 103 - 22 = 81$

$\det[C] = \begin{vmatrix} 1 & -1 & -2 \\ 0 & 3 & 2 \\ 1 & 2 & -3 \end{vmatrix} = -9$，$\det[F] = \begin{vmatrix} 0 & -1 & 2 \\ 1 & 3 & 0 \\ 2 & 1 & 1 \end{vmatrix} = 2 - 11 = -9$

$\det[C] \cdot \det[F] = (-9)(-9) = 81 = \det([C][F])$

　　當行列式超過 3 階時，必需先將其降階至 3 階或 3 階以下，才能求其值，方式與步驟如下例。

● 例題 **8-11**

求行列式 $\begin{vmatrix} 1 & 2 & 1 & -2 \\ -1 & 1 & 1 & -3 \\ 2 & 1 & -2 & 1 \\ 3 & 2 & 1 & -2 \end{vmatrix}$ 之值。

解 若以第一列為基準，求第一列中各元素之相對餘因子 $[A_{ij}]$ 的行列式 $|A_{ij}|$

$$|A_{11}| = \begin{vmatrix} 1 & 1 & -3 \\ 1 & -2 & 1 \\ 2 & 1 & -2 \end{vmatrix} = -8 \text{，}$$

$$|A_{12}| = -\begin{vmatrix} -1 & 1 & -3 \\ 2 & -2 & 1 \\ 3 & 1 & -2 \end{vmatrix} = 20 \text{，}$$

$$|A_{13}| = \begin{vmatrix} -1 & 1 & -3 \\ 2 & 1 & 1 \\ 3 & 2 & -2 \end{vmatrix} = 8 \text{，}$$

$$|A_{14}| = -\begin{vmatrix} -1 & 1 & 1 \\ 2 & 1 & -2 \\ 3 & 2 & 1 \end{vmatrix} = 12 \text{，}$$

則 $\det[A] = a_{11}|A_{11}| + a_{12}|A_{12}| + a_{13}|A_{13}| + a_{14}|A_{14}|$
$$= 1\times(-8) + 2\times20 + 1\times8 + (-2)\times12$$
$$= 16$$

當然，也可以選其他任一列或甚至任一行為基準，方法與結果都會相同。

練習題

1. 求下列各方矩陣的行列式值

(1) $[A] = \begin{bmatrix} 2 & 0 & 3 & -2 \\ -1 & 1 & 1 & 1 \\ 1 & 2 & 0 & 3 \\ 3 & -1 & 2 & 1 \end{bmatrix}$

(2) $[B] = \begin{bmatrix} 2 & 3 & 1 & -1 \\ 1 & 0 & 4 & 0 \\ -2 & 3 & 1 & 3 \\ 1 & -2 & 2 & 1 \end{bmatrix}$

2. 求下列各矩陣的行列式值

(1) $[A] = \begin{bmatrix} 2 & 4 \\ 1 & 3 \end{bmatrix}$

(2) $[B] = \begin{bmatrix} 1 & -2 \\ 2 & 1 \\ -1 & 3 \end{bmatrix}$

(3) $[C] = \begin{bmatrix} 0 & 1 & 3 \\ -1 & 2 & 1 \\ -2 & 1 & -1 \end{bmatrix}$

(4) $[D] = \begin{bmatrix} -1 & 0 & 1 \\ 2 & 3 & -2 \end{bmatrix}$

(5) det([B][D])

(6) det([D][B])

(7) det([B][D][C])

3. 試以上題之矩陣求

(1) det(3[A])

(2) det(2[C])

(3) det(3[B]2[D])

(4) det(2[D]3[C])

(5) det(2[B]3[D]4[C])

五 矩陣之反矩陣

設矩陣$[A]$為 n 階方矩陣，若存在另一 n 階方矩陣$[B]$使得兩者相乘後變為 n 階單位矩陣$[I]$，亦即$[A][B] = [B][A] = [I]$，則$[A]$和$[B]$互為反矩陣，記為$[B] = [A]^{-1}$，或$[A] = [B]^{-1}$。**並非每個方矩陣都有反矩陣，若$[A]$有反矩陣存在，稱$[A]$為非特異矩陣(nonsingular matrix)，若$[A]$沒有反矩陣存在，則稱$[A]$為特異矩陣(singular matrix)。**

反矩陣存在的條件為該矩陣的行列式不等於零，若其反矩陣存在，則該反矩陣必定為唯一。

方矩陣$[A]$的反矩陣$[A]^{-1}$為

$$[A]^{-1} = \frac{1}{|A|}\text{adj}[A]，$$

其中 adj$[A]$稱為矩陣$[A]$的伴隨矩陣(adjoint matrix)，其定義為由矩陣$[A]$的餘因子A_{ij}所構成之矩陣的轉置矩陣，亦即

$$\text{adj}[A] = \begin{bmatrix} A_{11} & A_{12} & \cdots & A_{1n} \\ \vdots & & & \\ A_{n1} & A_{n2} & \cdots & A_{nn} \end{bmatrix}^T = \begin{bmatrix} A_{11} & A_{21} & \cdots & A_{n1} \\ A_{12} & & & \\ \vdots & & & \\ A_{1n} & \cdots & \cdots & A_{nn} \end{bmatrix}$$

● 例題 **8-12**

求矩陣$[A] = \begin{bmatrix} 2 & 1 & 3 \\ -1 & 2 & 2 \\ 1 & -2 & -1 \end{bmatrix}$ 之反矩陣。

解 $|A| = [(-4 + 6 + 2) - (6 - 8 + 1)] = (4 + 1) = 5$

$A_{11} = (-1)^{1+1} \begin{vmatrix} 2 & 2 \\ -2 & -1 \end{vmatrix} = -2 + 4 = 2$

$A_{12} = (-1)^{1+2} \begin{vmatrix} -1 & 2 \\ 1 & -1 \end{vmatrix} = -(1 - 2) = 1$

$$A_{13} = (-1)^{1+3} \begin{vmatrix} -1 & 2 \\ 1 & -2 \end{vmatrix} = 0$$

$$A_{21} = (-1)^{2+1} \begin{vmatrix} 1 & 3 \\ -2 & -1 \end{vmatrix} = -(-1 + 6) = -5$$

$$A_{22} = (-1)^{2+2} \begin{vmatrix} 2 & 3 \\ 1 & -1 \end{vmatrix} = -2 - 3 = -5$$

$$A_{23} = (-1)^{2+3} \begin{vmatrix} 2 & 1 \\ 1 & -2 \end{vmatrix} = -(-4 - 1) = 5$$

$$A_{31} = (-1)^{3+1} \begin{vmatrix} 1 & 3 \\ 2 & 2 \end{vmatrix} = 2 - 6 = -4$$

$$A_{32} = (-1)^{3+2} \begin{vmatrix} 2 & 3 \\ -1 & 2 \end{vmatrix} = -(4 + 3) = -7$$

$$A_{33} = (-1)^{3+3} \begin{vmatrix} 2 & 1 \\ -1 & 2 \end{vmatrix} = 4 + 1 = 5 \text{，則}$$

$$[A]^{-1} = \frac{1}{|A|} \text{adj}[A] = \frac{1}{5} \begin{bmatrix} 2 & 1 & 0 \\ -5 & -5 & 5 \\ -4 & -7 & 5 \end{bmatrix}^T = \begin{bmatrix} \dfrac{2}{5} & \dfrac{1}{5} & 0 \\ -1 & -1 & 1 \\ -\dfrac{4}{5} & -\dfrac{7}{5} & 1 \end{bmatrix}^T$$

$$= \begin{bmatrix} \dfrac{2}{5} & -1 & -\dfrac{4}{5} \\ \dfrac{1}{5} & -1 & -\dfrac{7}{5} \\ 0 & 1 & 1 \end{bmatrix}$$

反矩陣有以下性質

1.　$([A]^{-1})^{-1} = [A]$

2.　$([A][B])^{-1} = [B]^{-1}[A]^{-1}$

3.　$([A]^T)^{-1} = ([A]^{-1})^T$

● 例題 **8-13**

設 $[A] = \begin{bmatrix} 1 & 2 \\ -1 & 3 \end{bmatrix}$，$[B] = \begin{bmatrix} -2 & -3 \\ 1 & 2 \end{bmatrix}$

(1) 驗證 $([A]^{-1})^{-1} = [A]$

(2) 驗證 $([A][B])^{-1} = [B]^{-1}[A]^{-1}$

(3) 驗證 $([A]^T) = ([A]^{-1})^T$

解 (1) $|A| = \begin{vmatrix} 1 & 2 \\ -1 & 3 \end{vmatrix} = 3 - (-2) = 5$

$A_{11} = (-1)^{1+1}(3) = 3 \qquad A_{12} = (-1)^{1+2}(-1) = 1$

$A_{21} = (-1)^{2+1}(2) = -2 \qquad A_{22} = (-1)^{2+2}(1) = 1$

則 $[A]^{-1} = \dfrac{1}{5}\begin{bmatrix} 3 & 1 \\ -2 & 1 \end{bmatrix}^T = \dfrac{1}{5}\begin{bmatrix} 3 & -2 \\ 1 & 1 \end{bmatrix} = \begin{bmatrix} \dfrac{3}{5} & -\dfrac{2}{5} \\ \dfrac{1}{5} & \dfrac{1}{5} \end{bmatrix} = [D]$

$|D| = \begin{vmatrix} \dfrac{3}{5} & -\dfrac{2}{5} \\ \dfrac{1}{5} & \dfrac{1}{5} \end{vmatrix} = \dfrac{3}{25} - (-\dfrac{2}{25}) = \dfrac{5}{25} = \dfrac{1}{5}$

$D_{11} = (-1)^{1+1}\left(\dfrac{1}{5}\right) = \dfrac{1}{5}$

$D_{12} = (-1)^{1+2}\left(\dfrac{1}{5}\right) = -\dfrac{1}{5}$

$D_{21} = (-1)^{2+1}\left(-\dfrac{2}{5}\right) = \dfrac{2}{5}$

$D_{22} = (-1)^{2+2}\left(\dfrac{3}{5}\right) = \dfrac{3}{5}$

則 $[D]^{-1} = ([A]^{-1})^{-1} = \dfrac{1}{\dfrac{1}{5}}\begin{bmatrix} \dfrac{1}{5} & -\dfrac{1}{5} \\ \dfrac{2}{5} & \dfrac{3}{5} \end{bmatrix}^T = 5\begin{bmatrix} \dfrac{1}{5} & \dfrac{2}{5} \\ -\dfrac{1}{5} & \dfrac{3}{5} \end{bmatrix} = \begin{bmatrix} 1 & 2 \\ -1 & 3 \end{bmatrix} = [A]$

(2) $[A][B] = \begin{bmatrix} 1 & 2 \\ -1 & 3 \end{bmatrix}\begin{bmatrix} -2 & -3 \\ 1 & 2 \end{bmatrix} = \begin{bmatrix} 0 & 1 \\ 5 & 9 \end{bmatrix} = [C]$

$([A][B])^{-1} = [C]^{-1}$

$$|C| = \begin{vmatrix} 0 & 1 \\ 5 & 9 \end{vmatrix} = -5$$

$$C_{11} = (-1)^{1+1}(9) = 9 \qquad C_{12} = (-1)^{1+2}(5) = -5$$

$$C_{21} = (-1)^{2+1}(-1) = 1 \qquad C_{22} = (-1)^{2+2}(0) = 0$$

則$[C]^{-1} = \dfrac{1}{-5}\begin{bmatrix} 9 & -5 \\ 1 & 0 \end{bmatrix}^T = \dfrac{1}{-5}\begin{bmatrix} 9 & 1 \\ -5 & 0 \end{bmatrix}^T = \begin{bmatrix} \dfrac{-9}{5} & \dfrac{-1}{5} \\ 1 & 0 \end{bmatrix}$ …①

另$|B| = \begin{vmatrix} -2 & -3 \\ 1 & 2 \end{vmatrix} = -4 - (-3) = -1$

$$B_{11} = (-1)^{1+1}(2) = 2 \qquad B_{12} = (-1)^{1+2}(1) = -1$$

$$B_{21} = (-1)^{2+1}(-3) = 3 \qquad B_{22} = (-1)^{2+2}(-2) = -2$$

則$[B]^{-1} = \dfrac{1}{-1}\begin{bmatrix} 2 & -1 \\ 3 & -2 \end{bmatrix}^T = \begin{bmatrix} -2 & 1 \\ -3 & 2 \end{bmatrix}^T = \begin{bmatrix} -2 & -3 \\ 1 & 2 \end{bmatrix}$

$$[B]^{-1}[A]^{-1} = \begin{bmatrix} -2 & -3 \\ 1 & 2 \end{bmatrix}\begin{bmatrix} \dfrac{3}{5} & -\dfrac{2}{5} \\ \dfrac{1}{5} & \dfrac{1}{5} \end{bmatrix} = \begin{bmatrix} \dfrac{-9}{5} & \dfrac{-1}{5} \\ 1 & 0 \end{bmatrix} \cdots ②$$

比較①②可知

$$([A][B])^{-1} = [B]^{-1}[A]^{-1}$$

(3) $[A]^T = \begin{bmatrix} 1 & -1 \\ 2 & 3 \end{bmatrix} = [E]$

$$|E| = \begin{vmatrix} 1 & -1 \\ 2 & 3 \end{vmatrix} = 3 - (-2) = 5$$

$$E_{11} = (-1)^{1+1}(3) = 3 \qquad E_{12} = (-1)^{1+2}(2) = -2$$

$$E_{21} = (-1)^{2+1}(-1) = 1 \qquad E_{22} = (-1)^{2+2}(1) = 1$$

$$([A]^T)^{-1} = \dfrac{1}{5}\begin{bmatrix} 3 & -2 \\ 1 & 1 \end{bmatrix}^T = \dfrac{1}{5}\begin{bmatrix} 3 & 1 \\ -2 & 1 \end{bmatrix} = \begin{bmatrix} \dfrac{3}{5} & \dfrac{1}{5} \\ \dfrac{-2}{5} & \dfrac{1}{5} \end{bmatrix} \cdots ①$$

由①中已知

$$[A]^{-1} = \begin{bmatrix} \dfrac{3}{5} & -\dfrac{2}{5} \\ \dfrac{1}{5} & \dfrac{1}{5} \end{bmatrix}，則(A^{-1})^T = \begin{bmatrix} \dfrac{3}{5} & \dfrac{1}{5} \\ -\dfrac{2}{5} & \dfrac{1}{5} \end{bmatrix} \cdots ②$$

比較①②知，$([A]^T)^{-1} = ([A]^{-1})^T$

練習題

1. 求下列矩陣之反矩陣

(1) $[A] = \begin{bmatrix} 1 & 2 & -1 \\ 0 & 3 & 2 \\ -1 & 1 & -2 \end{bmatrix}$

(2) $[B] = \begin{bmatrix} 2 & 0 & 1 \\ 3 & -2 & 2 \\ 0 & -1 & 1 \end{bmatrix}$

(3) $[C] = \begin{bmatrix} 2 & -1 & 2 \\ 3 & 1 & -1 \\ 1 & -2 & 0 \end{bmatrix}$

2. 若 $[A] = \begin{bmatrix} 1 & 2 \\ 0 & 3 \end{bmatrix}$，$[B] = \begin{bmatrix} 3 & 1 \\ 1 & -2 \end{bmatrix}$，$[C] = \begin{bmatrix} -2 & 0 \\ -1 & 1 \end{bmatrix}$，求

(1) $([A]^{-1})^{-1}$

(2) $([A][B])^{-1}$

(3) $([B]^T)^{-1}$

(4) $[([A][B][C])^T]^{-1}$

(5) $[([A][B][C])^{-1}]^T$

課後作業

1.　若 $[A] = \begin{bmatrix} 1 & 2 & 0 & 1 \\ 2 & 3 & -1 & 0 \\ 0 & 1 & 2 & -1 \\ 3 & 2 & 0 & 3 \end{bmatrix}$，試以第三行餘因子展開法求 $\det[A]$。

2.　求行列式 $\begin{vmatrix} 2 & 3 & -1 & -2 \\ 1 & 0 & 3 & 0 \\ 2 & 1 & -2 & 1 \\ 3 & 1 & -2 & 3 \end{vmatrix}$ 之值？

3.　求矩陣 $[A] = \begin{bmatrix} 1 & 2 & 1 \\ -1 & 0 & 3 \\ 2 & 1 & -2 \end{bmatrix}$ 之反矩陣。

4. $[A] = \begin{bmatrix} 1 & 3 \\ 3 & 2 \end{bmatrix}$，$[B] = \begin{bmatrix} 3 & 1 \\ 1 & -2 \end{bmatrix}$，求 $[[A]^{-1}[B]]^T = ?$

5. $[A] = \begin{bmatrix} 1 & -2 \\ -3 & 3 \end{bmatrix}$，$[B] = \begin{bmatrix} 3 & -2 \\ 1 & -1 \end{bmatrix}$，求 $[[A][B]^T]^{-1} = ?$

09

線性代數(一)

學習重點

本章介紹何為線性方程式？何為線性方程組，何為線性相關與線性獨立。並介紹求解聯立方程組的有效方法包含高斯消去法，高斯－喬丹法、反矩陣法以及克拉瑪法則等，使線性代數的應用與求解更加明確而簡易。

一 線性方程式與方程組

在平面上任何一條直線都可以用 $ax + by = k$ 來表示，空間中的任一直線都可以寫為 $ax + by + cz = h$，如 $x + y = 1$，$2x + y = 3$，$x + y - z = 3$ 等，如圖示

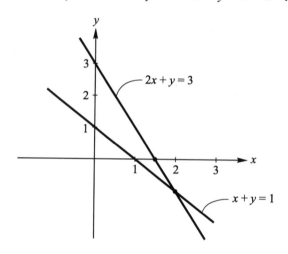

則 $ax + by = k$ 與 $ax + by + cz = h$ 稱為線性方程式，而由兩個或兩個以上線性方程式組成的方程組就稱為線性方程組。**線性方程組的解需滿足每一個線性方程式，也就是所有方程組中的方程式有共同解，物裡意義就是這些直線相交在這一個點。**

● 例題 **9-1**

求線性方程組 $\begin{cases} x + y = 1 \\ 2x + y = 3 \end{cases}$ 之解？

解 $\begin{cases} x + y = 1 \cdots ① \\ 2x + y = 3 \cdots ② \end{cases}$

將①×2 − ②得 $y = -1$，代入①得 $x = 2$

其解為$(2, -1)$，這代表該二直線相交點為$(2, -1)$。

　　本章中所謂的線性代數，就是求這些線性方程組解的數學方法。一般來說，方程組中方程式的變數不限定為二個或三個，也就是方程組所代表的並非僅為平面或空間的位置問題，而是可以包含問題設定中的諸多變數。此情況下，可以設 x_1，x_2，…，x_n 為其變數，則聯立方程組為

$$a_{11}x_1 + a_{12}x_2 + \cdots + a_{1n}x_n = c_1$$

$$a_{21}x_1 + a_{22}x_2 + \cdots + a_{2n}x_n = c_2$$

$$\vdots \qquad\qquad\qquad \vdots$$

$$a_{n1}x_1 + a_{n2}x_2 + \cdots + a_{nn}x_n = c_n$$

若將其以矩陣的方式表示，可以寫成

$$\begin{bmatrix} a_{11} & a_{12} & \cdots & a_{1n} \\ a_{21} & a_{22} & \cdots & a_{2n} \\ \vdots & & & \\ a_{n1} & a_{n2} & \cdots & a_{nn} \end{bmatrix} \begin{bmatrix} x_1 \\ x_2 \\ \vdots \\ x_n \end{bmatrix} = \begin{bmatrix} c_1 \\ c_2 \\ \vdots \\ c_n \end{bmatrix}$$ 或 $[A][x] = [c]$，其中 $[A]$ 為 $n \times n$ 階之方矩陣，$[x]$ 和 $[c]$ 都是 n 階行矩陣。

二　線性相關與線性獨立

　　線性方程組中若方矩陣 $[A]$ 的行列式值為零，則稱方程組中的方程式為線性相關，若方矩陣 $[A]$ 的行列式值不等於零，則稱為線性獨立。亦即

$\det[A] = 0$ 線性相關

$\det[A] \neq 0$ 線性獨立

　　在行列式的定義中，矩陣的行列式值等於零只有一個情況，那就是有任兩列或任兩行的元素相等或成比例(整行或整列全部為零的方程式沒有意義)，也就是這二個方程式所代表的軌跡重疊或互相平行，可能無解或有無限多組解答，**而線性獨立則可以求得一組解滿足所有方程式，或說各方程式所代表的軌跡相交於一點。**

● 例題 **9-2**

判斷下列方程組爲線性獨立或相依，並求其解

(1) $\begin{cases} 2x_1 + x_2 = 3 \\ x_1 - x_2 = 1 \end{cases}$ (2) $\begin{cases} x_1 - 2x_2 = 4 \\ 3x_1 + x_2 = 5 \end{cases}$ (3) $\begin{cases} x_1 + 2x_2 = 3 \\ 2x_1 + 4x_2 = 7 \end{cases}$ (4) $\begin{cases} x_1 + 2x_2 = 3 \\ 2x_1 + 4x_2 = 6 \end{cases}$ 。

解 (1) $\begin{cases} 2x_1 + x_2 = 3 \cdots ① \\ x_1 - x_2 = 1 \cdots ② \end{cases}$

$\begin{vmatrix} 2 & 1 \\ 1 & -1 \end{vmatrix} = -2 - 1 = -3 \neq 0$（線性獨立）

方程組中①+②得 $3x_1 = 4$，$x_1 = \dfrac{4}{3}$，代入①

得 $2(\dfrac{4}{3}) + x_2 = 3$，$x_3 = 3 - \dfrac{8}{3} = \dfrac{1}{3}$，則 $\begin{cases} x_1 = \dfrac{4}{3} \\ x_2 = \dfrac{1}{3} \end{cases}$ 爲其解

(2) $\begin{cases} x_1 - 2x_2 = 4 \cdots ① \\ 3x_1 + x_2 = 5 \cdots ② \end{cases}$

$\begin{bmatrix} 1 & -2 \\ 3 & 1 \end{bmatrix} \begin{bmatrix} x_1 \\ x_2 \end{bmatrix} = \begin{bmatrix} 2 \\ 5 \end{bmatrix}$，$\begin{vmatrix} 1 & -2 \\ 3 & 1 \end{vmatrix} = 1 - (-6) = 7 \neq 0$（線性獨立）

方程組中① + 2×②得 $7x_1 = 14$，則 $\begin{cases} x_1 = 2 \\ x_2 = -1 \end{cases}$ 爲其解

(3) $\begin{cases} x_1 + 2x_2 = 3 \cdots ① \\ 2x_1 + 4x_2 = 7 \cdots ② \end{cases}$

$\begin{bmatrix} 1 & 2 \\ 2 & 4 \end{bmatrix} \begin{bmatrix} x_1 \\ x_2 \end{bmatrix} = \begin{bmatrix} 3 \\ 7 \end{bmatrix}$，$\begin{vmatrix} 1 & 2 \\ 2 & 4 \end{vmatrix} = 4 - 4 = 0$（線性相依）

方程組中 2×①得 $2x_1 + 4x_2 = 6$ 與②式相矛盾，故無解，表示兩線相平行，無交點

(4) $\begin{cases} x_1 + 2x_2 = 3 \cdots ① \\ 2x_1 + 4x_2 = 6 \cdots ② \end{cases}$

$\begin{bmatrix} 1 & 2 \\ 2 & 4 \end{bmatrix} \begin{bmatrix} x_1 \\ x_2 \end{bmatrix} = \begin{bmatrix} 3 \\ 6 \end{bmatrix}$，$\begin{vmatrix} 1 & 2 \\ 2 & 4 \end{vmatrix} = 4 - 4 = 0$（線性相依）

方程組中將 2×①得 $2x_1 + 4x_2 = 6$ 與②式完全相同，表示兩線重疊，有無限多組解

練習題

1. 試判斷下列各方程組為線性獨立或相關,並求其解

(1) $\begin{cases} x_1 + 3x_2 = 6 \\ 2x_1 - x_2 = 3 \end{cases}$

(2) $\begin{cases} x_1 - x_2 = 1 \\ x_1 + x_2 = 4 \end{cases}$

(3) $\begin{cases} 2x_1 + 3x_2 = 7 \\ 2x_1 + x_2 = 7 \end{cases}$

(4) $\begin{cases} x_1 + 2x_2 = 2 \\ 3x_1 + 6x_2 = 5 \end{cases}$

2. 試判斷下列各方程組為線性獨立或相關,並求其解

(1) $\begin{cases} x_1 + 2x_2 - x_3 = 3 \\ 2x_1 - 2x_2 + x_3 = 4 \\ x_1 - 2x_2 + 3x_3 = 6 \end{cases}$

(2) $\begin{cases} 5x_1 + x_2 = 7 \\ 2x_1 + x_2 - 2x_3 = 4 \\ x_1 + 3x_3 = 3 \end{cases}$

三　高斯消去法求方程組的解

　　線性方程組可以用矩陣的型式來表示，亦即$[A][x] = [c]$，其中$[A]$可為任意階之方矩陣，設法把方矩陣$[A]$化簡為上三角矩陣，然後再利用反代法求$[x]$的運算法稱為高斯消去法。若將$[A]$化簡為單位矩陣$[I]$，再利用反代法求$[x]$的運算方法就稱為高斯－喬丹法，以下列例題說明之。

● **例題 9-3**

試利用高斯消去法求 $\begin{cases} x_1 + 2x_2 = 3 \\ 2x_1 - x_2 = 1 \end{cases}$ 之解。

解 (1) 將方程組改變為矩陣型式

$$\begin{bmatrix} 1 & 2 \\ 2 & -1 \end{bmatrix} \begin{bmatrix} x_1 \\ x_2 \end{bmatrix} = \begin{bmatrix} 3 \\ 1 \end{bmatrix}$$

(2) 列出增廣矩陣 $[A \mid C]$

$$[A \mid C] = \begin{bmatrix} 1 & 2 & 3 \\ 2 & -1 & 1 \end{bmatrix}$$

(3) 設法讓$[A]$成為上三角矩陣，增廣矩陣中，若將 a_{21} 變為零，則$[A]$就成為上三角矩陣

要讓 $a_{21} = 0$，只要把第一列乘以-2 然後加到第二列即可，則

$$\begin{cases} a_{21} = 2 + 1 \times (-2) = 0 \\ a_{22} = -1 + 2 \times (-2) = -5 \\ c_2 = 1 + 3 \times (-2) = -5 \end{cases}$$

增廣矩陣變為$[A \mid C] = \begin{bmatrix} 1 & 2 & 3 \\ 0 & -5 & -5 \end{bmatrix}$

(4) 解最末列之方程式得 x 再反代法求其他未知數

方程組為 $\begin{cases} x_1 + 2x_2 = 3 \\ -5x_2 = -5 \end{cases}$，則 $x_2 = 1$，反代到上一列

得 $x_1 + 2(1) = 3$，則 $x_1 = 1$，

故 $\begin{cases} x_1 = 1 \\ x_2 = 1 \end{cases}$ 為其解

● 例題 **9-4**

試利用高斯消去法求 $\begin{cases} x_1 + x_2 = 2 \\ x_1 - x_2 = 3 \end{cases}$ 之解。

解 (1) 將方程組改變為矩陣型式

$$\begin{bmatrix} 1 & 1 \\ 1 & -1 \end{bmatrix} \begin{bmatrix} x_1 \\ x_2 \end{bmatrix} = \begin{bmatrix} 2 \\ 3 \end{bmatrix}$$

(2) 列出增廣矩陣 $[A \mid C]$

$$[A \mid C] = \begin{bmatrix} 1 & 1 & 2 \\ 1 & -1 & 3 \end{bmatrix}$$

(3) 設法讓 $[A]$ 成為上三角矩陣，增廣矩陣中，

若將 a_{21} 變為零，則 $[A]$ 就成為上三角矩陣

要讓 $a_{21} = 0$，只要把第一列乘以 -1 然後加到第二列即可，則

$$\begin{cases} a_{21} = 1 + 1 \times (-1) = 0 \\ a_{22} = -1 + 1 \times (-1) = -2 \\ c_2 = 3 + 2 \times (-1) = 1 \end{cases}$$

增廣矩陣變為 $[A \mid C] = \begin{bmatrix} 1 & 1 & 2 \\ 0 & -2 & 1 \end{bmatrix}$

(4) 解最末列之方程式得 x 再反代法求其他未知數

方程組為 $\begin{cases} x_1 + x_2 = 2 \\ -2x_2 = 1 \end{cases}$，則 $x_2 = -\dfrac{1}{2}$，

得 $x_1 + (-\dfrac{1}{2}) = 2$，則 $x_1 = \dfrac{5}{2}$，故 $\begin{cases} x_1 = \dfrac{5}{2} \\ x_2 = -\dfrac{1}{2} \end{cases}$ 為其解

● 例題 **9-5**

試利用高斯消去法求 $\begin{cases} x_1 + 2x_2 + 2x_3 = -1 \\ 2x_1 - 3x_2 + x_3 = -2 \\ -x_2 + x_3 = 2 \end{cases}$ 之解。

解 (1) 將方程組改變為矩陣型式

$$\begin{bmatrix} 1 & 2 & 2 \\ 2 & -3 & 1 \\ 0 & -1 & 1 \end{bmatrix} \begin{bmatrix} x_1 \\ x_2 \\ x_3 \end{bmatrix} = \begin{bmatrix} -1 \\ -2 \\ 2 \end{bmatrix}$$

(2) 列出增廣矩陣 $[A \mid C]$

$$[A \mid C] = \begin{bmatrix} 1 & 2 & 2 & -1 \\ 2 & -3 & 1 & -2 \\ 0 & -1 & 1 & 2 \end{bmatrix}$$

(3) 設法讓 $[A]$ 成為上三角矩陣

要先使 $a_{21} = 0$，但由於 $a_{31} = 0$，所以可將第二列與第三列對調，得增廣矩陣

$$[A \mid C] = \begin{bmatrix} 1 & 2 & 2 & -1 \\ 0 & -1 & 1 & 2 \\ 2 & -3 & 1 & -2 \end{bmatrix}$$

接著讓 $a_{31} = 0$，將第一列乘以 -2 再加在第三列即可得到

$a_{31} = 2 + 1 \times (-2) = 0$

$a_{32} = -3 + 2 \times (-2) = -7$

$a_{33} = 1 + 2 \times (-2) = -3$

$c_3 = -2 + (-1) \times (-2) = 0$

則 $[A \mid C] = \begin{bmatrix} 1 & 2 & 2 & -1 \\ 0 & -1 & 1 & 2 \\ 0 & -7 & -3 & 0 \end{bmatrix}$

讓 $a_{32} = 0$，將第二列乘以 -7 加到第三列即可得到

$a_{32} = -7 + (-1) \times (-7) = 0$

$a_{33} = -3 + 1 \times (-7) = -10$

$c_3 = 0 + 2 \times (-7) = -14$

則 $[A \mid C] = \begin{bmatrix} 1 & 2 & 2 & -1 \\ 0 & -1 & 1 & 2 \\ 0 & 0 & -10 & -14 \end{bmatrix}$

方程組為 $\begin{cases} x_1 + 2x_2 + 2x_3 = -1 \\ -x_2 + x_3 = 2 \\ -10x_3 = -14 \end{cases}$

得 $\begin{cases} x_1 = \dfrac{-13}{5} \\ x_2 = \dfrac{-3}{5} \\ x_3 = \dfrac{7}{5} \end{cases}$ 為其解。

四　高斯－喬丹法求方程組的解

高斯消去法把矩陣簡化為上三角矩陣，藉以快速解得聯立方程組的解。高斯－喬丹法則更進一步將矩陣簡化為單位矩陣，可以直接得到方程組的解而不需再作任何運算，亦即將增廣矩陣 $[A \mid C]$ 進行化簡至 $[I \mid C]$，則即可得到方程組的解，其同義方程組為 $\begin{bmatrix} \ddots & & \\ & I & \\ & & \ddots \end{bmatrix} \begin{Bmatrix} x_1 \\ \vdots \\ x_n \end{Bmatrix} = \begin{Bmatrix} c_1 \\ \vdots \\ c_n \end{Bmatrix}$，則 $\begin{matrix} x_1 = c_1 \\ x_2 = c_2 \\ \vdots \end{matrix}$ 為其解。

● 例題 9-6

試利用高斯－喬丹法求 $\begin{cases} x_1 - 2x_2 = 3 \\ 3x_1 + x_2 = 6 \end{cases}$ 之解。

解 (1) 將方程組改變為矩陣型式

$$\begin{bmatrix} 1 & -2 \\ 3 & 1 \end{bmatrix} \begin{bmatrix} x_1 \\ x_2 \end{bmatrix} = \begin{bmatrix} 3 \\ 6 \end{bmatrix}$$

(2) 列出擴增矩陣

$$[A \mid C] = \begin{bmatrix} 1 & -2 & 3 \\ 3 & 1 & 6 \end{bmatrix}$$

(3) 設法讓[A]成為單位矩陣[I]，
　　把第一列乘以-3加到第二列，得

$a_{21} = 3 + 1(-3) = 0$

$a_{22} = 1 + (-2)(-3) = 7$

$c_2 = 6 + 3(-3) = -3$

增廣矩陣變為$[A \mid C] = \begin{bmatrix} 1 & -2 & 3 \\ 0 & 7 & -3 \end{bmatrix}$

將第二列乘以$\dfrac{1}{7}$得

$$[A \mid C] = \begin{bmatrix} 1 & -2 & 3 \\ 0 & 1 & -\dfrac{3}{7} \end{bmatrix}$$

再將第二列乘以2加到第一列得

$a_{11} = 1 + 0 \times 2 = 1$

$a_{12} = -2 + 1 \times 2 = 0$

$c_1 = 3 + (-\dfrac{3}{7}) \times 2 = \dfrac{15}{7}$

則擴增矩陣變為

$$[A \mid C] = \begin{bmatrix} 1 & 0 & \dfrac{15}{7} \\ 0 & 1 & -\dfrac{3}{7} \end{bmatrix}$$

(4) 求解得

$$\begin{cases} x_1 = \dfrac{15}{7} \\ x_2 = -\dfrac{3}{7} \end{cases}$$ 為其解

● 例題 **9-7**

試利用高斯–喬丹法求 $\begin{cases} x_1 - x_2 + 2x_3 = 1 \\ x_1 + 2x_2 - x_3 = 2 \\ x_2 - 3x_3 = -1 \end{cases}$ 之解。

解 (1) 將方程組改變為矩陣型式 $\begin{bmatrix} 1 & -1 & 2 \\ 1 & 2 & -1 \\ 0 & 1 & -3 \end{bmatrix} \begin{bmatrix} x_1 \\ x_2 \\ x_3 \end{bmatrix} = \begin{bmatrix} 1 \\ 2 \\ -1 \end{bmatrix}$

(2) 列出增廣矩陣 $[A \mid C] = \left[\begin{array}{ccc|c} 1 & -1 & 2 & 1 \\ 1 & 2 & -1 & 2 \\ 0 & 1 & -3 & -1 \end{array}\right] = \left[\begin{array}{ccc|c} 1 & -1 & 2 & 1 \\ 0 & 1 & -3 & -1 \\ 1 & 2 & -1 & 2 \end{array}\right]$

(3) 設法讓 $[A]$ 成為單位矩陣 $[I]$

將第一列乘以 –1 加到第三列得 $[A \mid C] = \left[\begin{array}{ccc|c} 1 & -1 & 2 & 1 \\ 0 & 1 & -3 & -1 \\ 0 & 3 & -3 & 1 \end{array}\right]$

將第二列乘以 –3 加到第三列得 $[A \mid C] = \left[\begin{array}{ccc|c} 1 & -1 & 2 & 1 \\ 0 & 1 & -3 & -1 \\ 0 & 0 & 6 & 4 \end{array}\right]$

將第三列除以 6 得 $[A \mid C] = \left[\begin{array}{ccc|c} 1 & -1 & 2 & 1 \\ 0 & 1 & -3 & -1 \\ 0 & 0 & 1 & \frac{2}{3} \end{array}\right]$

將第三列乘以 3 加到第二列得 $[A \mid C] = \left[\begin{array}{ccc|c} 1 & -1 & 2 & 1 \\ 0 & 1 & 0 & 1 \\ 0 & 0 & 1 & \frac{2}{3} \end{array}\right]$

將第二列乘以 1 加到第一列得 $[A \mid C] = \begin{bmatrix} 1 & 0 & 2 & 2 \\ 0 & 1 & 0 & 1 \\ 0 & 0 & 1 & \dfrac{2}{3} \end{bmatrix}$

將第三列乘以 -2 加到第一列得 $[A \mid C] = \begin{bmatrix} 1 & 0 & 0 & \dfrac{2}{3} \\ 0 & 1 & 0 & 1 \\ 0 & 0 & 1 & \dfrac{2}{3} \end{bmatrix}$

(4) 解得 $\begin{cases} x_1 = \dfrac{2}{3} \\ x_2 = 1 \\ x_3 = \dfrac{2}{3} \end{cases}$ 為其解。

　　高斯－喬丹法中，若擴增矩陣是由$[A]$和單位矩陣$[I]$組成，若將兩者分別乘以$[A^{-1}]$，經過運算後$[A]$變為單位矩陣$[I]$，則單位矩陣$[I]$就變成$[A]$的反矩陣$[A]^{-1}$了。即$[A \mid I] = [AA^{-1} \mid IA^{-1}] = [I \mid A^{-1}]$，例題說明如下。

● 例題 **9-8**

試以高斯－喬丹法求$[A] = \begin{bmatrix} 3 & -1 \\ 1 & 2 \end{bmatrix}$之反矩陣。

解 (1) 擴增矩陣為
$$[A \mid I] = \begin{bmatrix} 3 & -1 & 1 & 0 \\ 1 & 2 & 0 & 1 \end{bmatrix},$$

(2) 將第一列乘以 $\dfrac{1}{3}$ 得 $\begin{bmatrix} 1 & -\dfrac{1}{3} & \dfrac{1}{3} & 0 \\ 1 & 2 & 0 & 1 \end{bmatrix}$

(3) 將第一列乘以–1 加到第二列得

$$\left[\begin{array}{cc|cc} 1 & -\dfrac{1}{3} & \dfrac{1}{3} & 0 \\ 0 & \dfrac{7}{3} & -\dfrac{1}{3} & 1 \end{array}\right]$$

(4) 將第二列乘以 $\dfrac{3}{7}$ 得 $\left[\begin{array}{cc|cc} 1 & -\dfrac{1}{3} & \dfrac{1}{3} & 0 \\ 0 & 1 & -\dfrac{1}{7} & \dfrac{3}{7} \end{array}\right]$

(5) 將第二列乘以 $\dfrac{1}{3}$ 加到第一列得

$$\left[\begin{array}{cc|cc} 1 & 0 & \dfrac{2}{7} & \dfrac{1}{7} \\ 0 & 1 & -\dfrac{1}{7} & \dfrac{3}{7} \end{array}\right],$$

故 $[A]^{-1} = \left[\begin{array}{cc} \dfrac{2}{7} & \dfrac{1}{7} \\ -\dfrac{1}{7} & \dfrac{3}{7} \end{array}\right]$

練習題

1. 試以高斯消去法求方程組的解：

(1) $\begin{cases} x_1 + x_2 = 3 \\ 2x_1 - x_2 = 1 \end{cases}$

(2) $\begin{cases} x_1 - x_2 = 1 \\ 3x_1 + 2x_2 = 6 \end{cases}$

(3) $\begin{cases} x_1 - 2x_2 = -1 \\ x_1 + 3x_2 = 4 \end{cases}$

(4) $\begin{cases} x_1 + 2x_2 = 1 \\ 3x_1 + x_2 = 2 \end{cases}$

(5) $\begin{cases} 3x_1 - x_2 + 2x_3 = 4 \\ x_1 + x_2 - x_3 = -1 \\ 2x_1 + x_2 - 4x_3 = -4 \end{cases}$

(6) $\begin{cases} x_1 + 2x_2 - x_3 = 1 \\ 0x_1 + x_2 + x_3 = -1 \\ x_1 + x_2 + 2x_3 = 2 \end{cases}$

(7) $\begin{cases} 2x_1 + 2x_2 - 3x_3 = 2 \\ x_1 - x_2 + 2x_3 = 1 \\ 3x_1 - 2x_2 + 4x_3 = 4 \end{cases}$

(8) $\begin{cases} x_1 + x_2 + x_3 = 4 \\ 2x_1 - x_2 + x_3 = 3 \\ 2x_1 - 2x_2 - x_3 = -1 \end{cases}$

2. 試以高斯－喬丹法求上題中方程組的解。

3. 試以高斯消去法及高斯－喬丹法求方程組的解

$\begin{cases} 2x_1 - 3x_2 + x_3 - x_4 = 6 \\ x_1 + x_2 - x_3 + 2x_4 = 4 \\ 3x_1 + x_2 + x_3 - 2x_4 = 3 \\ x_1 - x_2 + 2x_3 - x_4 = 2 \end{cases}$

課後作業

1. 試利用高斯消去法求 $\begin{cases} x_1 - 2x_2 = 4 \\ 3x_1 + x_2 = 2 \end{cases}$ 之解。

2. 試利用高斯消去法求 $\begin{cases} x_1 + 2x_2 - x_3 = 3 \\ 2x_1 + x_2 + x_3 = 5 \\ x_1 - x_2 + 3x_3 = 6 \end{cases}$ 之解。

3. 試利用高斯消去法求 $\begin{cases} 2x_1 - 3x_2 + 5x_3 = -1 \\ 3x_1 + 2x_2 + 4x_3 = 5 \\ 5x_1 - x_2 + 9x_3 = 2 \end{cases}$ 之解。

4. 試利用高斯－喬丹法求 $\begin{cases} 2x_1 - x_2 + 2x_3 = 6 \\ x_1 + 2x_2 - x_3 = 1 \\ 2x_1 + x_2 - 3x_3 = -1 \end{cases}$ 之解。

5. 試以高斯–喬丹法求 $[A] = \begin{bmatrix} 1 & 2 & 1 \\ 3 & -1 & 2 \\ -1 & 2 & 1 \end{bmatrix}$ 之反矩陣。

10

線性代數(二)

學習重點

本章介紹線性代數應用中解方程組的另外兩種方法,包含反矩陣法和克拉瑪法則,兩者的原理都甚為容易理解,運算也簡單方便。另外,本章亦討論線性轉換議題,使得系統在經由平移、縮放和旋轉後能有效的被定位,可以藉此探知系統經過轉換後與原有系統間之關係,在許多工程領域的系統問題解決中有很大的助益。

一 反矩陣法求方程組的解

聯立方程組可以寫成矩陣的型式，亦即

$$[A][x] = [c]$$

如果兩邊同時乘以$[A]$的反矩陣$[A]^{-1}$，則$[A]^{-1}[A][x] = [A]^{-1}[c]$，整理得到$[I][x] = [x] = [A]^{-1}[c]$，$[I]$為單位矩陣，如此就可以得到方程組的解。

● 例題 **10-1**

試以反矩陣法求方程組 $\begin{cases} 2x_1 + 3x_2 = 6 \\ x_1 - 2x_2 = 1 \end{cases}$ 之解？

解　方程組的矩陣型式為

$$\begin{bmatrix} 2 & 3 \\ 1 & -2 \end{bmatrix} \begin{bmatrix} x_1 \\ x_2 \end{bmatrix} = \begin{bmatrix} 6 \\ 1 \end{bmatrix}$$

$$[A] = \begin{bmatrix} 2 & 3 \\ 1 & -2 \end{bmatrix} , \ |[A]| = \begin{vmatrix} 2 & 3 \\ 1 & -2 \end{vmatrix} = -4 - 3 = -7 ,$$

$$則 [A]^{-1} = \frac{1}{|[A]|} \begin{bmatrix} -2 & -1 \\ -3 & 2 \end{bmatrix}^T = \begin{bmatrix} \dfrac{2}{7} & \dfrac{3}{7} \\ \dfrac{1}{7} & -\dfrac{2}{7} \end{bmatrix}$$

$$得 \begin{bmatrix} x_1 \\ x_2 \end{bmatrix} = \begin{bmatrix} \dfrac{2}{7} & \dfrac{3}{7} \\ \dfrac{1}{7} & -\dfrac{2}{7} \end{bmatrix} \begin{bmatrix} 6 \\ 1 \end{bmatrix} = \begin{bmatrix} \dfrac{2}{7} \times 6 + \dfrac{3}{7} \times 1 \\ \dfrac{1}{7} \times 6 - \dfrac{2}{7} \times 1 \end{bmatrix} = \begin{bmatrix} \dfrac{15}{7} \\ \dfrac{4}{7} \end{bmatrix}$$

$$故 \begin{cases} x_1 = \dfrac{15}{7} \\ x_2 = \dfrac{4}{7} \end{cases} 為其解$$

● 例題 **10-2**

試以反矩陣法求方程組 $\begin{cases} x_1 + x_2 + 3x_3 = 2 \\ x_1 + 2x_3 = 1 \\ x_2 - x_3 = -1 \end{cases}$ 之解。

解 方程組的矩陣型式為

$$\begin{bmatrix} 1 & 1 & 3 \\ 1 & 0 & 2 \\ 0 & 1 & -1 \end{bmatrix} \begin{bmatrix} x_1 \\ x_2 \\ x_3 \end{bmatrix} = \begin{bmatrix} 2 \\ 1 \\ -1 \end{bmatrix} \,,\, [A] = \begin{bmatrix} 1 & 1 & 3 \\ 1 & 0 & 2 \\ 0 & 1 & -1 \end{bmatrix}$$

先求 $[A]$ 之反矩陣 $[A]^{-1} = \dfrac{1}{|A|}[\text{adj } A]$

(1) $|A| = \begin{vmatrix} 1 & 1 & 3 \\ 1 & 0 & 2 \\ 0 & 1 & -1 \end{vmatrix} = [(0 + 0 + 3) - (0 + 2 - 1)] = [3 - 1] = 2$

(2) $[\text{adj } A] = \begin{bmatrix} -2 & 1 & 1 \\ 4 & -1 & -1 \\ 2 & 1 & -1 \end{bmatrix}^T = \begin{bmatrix} -2 & 4 & 2 \\ 1 & -1 & 1 \\ 1 & -1 & -1 \end{bmatrix}$

(3) $[A]^{-1} = \dfrac{[\text{adj } A]}{|A|} = \begin{bmatrix} -1 & 2 & 1 \\ \dfrac{1}{2} & -\dfrac{1}{2} & \dfrac{1}{2} \\ \dfrac{1}{2} & -\dfrac{1}{2} & -\dfrac{1}{2} \end{bmatrix}$

(4) $[x] = [A]^{-1}[C] = \begin{bmatrix} -1 & 2 & 1 \\ \dfrac{1}{2} & -\dfrac{1}{2} & \dfrac{1}{2} \\ \dfrac{1}{2} & -\dfrac{1}{2} & -\dfrac{1}{2} \end{bmatrix} \begin{bmatrix} 2 \\ 1 \\ -1 \end{bmatrix} = \begin{bmatrix} -1 \\ 0 \\ 1 \end{bmatrix}$，得 $\begin{cases} x_1 = -1 \\ x_2 = 0 \\ x_3 = 1 \end{cases}$

二　克拉瑪法則求方程組的解

　　另一種求解聯立方程組的方法為克拉瑪法則(Cramer's Rule)，其方法是將聯立方程式改寫為矩陣型式

$$[A][x] = [c]$$

然後再將[c]取代[A]中的某一行[a_j]，稱為替代矩陣[A_j]，則 $[x_j] = \dfrac{|A_j|}{|A|}$。

● 例題 **10-3**

試利用克拉瑪法則求方程組 $\begin{cases} 3x_1 + x_2 = 4 \\ x_1 - 2x_2 = 1 \end{cases}$ 之解。

解 將方程組改寫為矩陣型式得

$$\begin{bmatrix} 3 & 1 \\ 1 & -2 \end{bmatrix} \begin{bmatrix} x_1 \\ x_2 \end{bmatrix} = \begin{bmatrix} 4 \\ 1 \end{bmatrix}$$

若將 $[C] = \begin{bmatrix} 4 \\ 1 \end{bmatrix}$ 分別取代[A]中的第一行和第二行得替代矩陣

$$[A_1] = \begin{bmatrix} 4 & 1 \\ 1 & -2 \end{bmatrix}，[A_2] = \begin{bmatrix} 3 & 4 \\ 1 & 1 \end{bmatrix}，則$$

$$x_1 = \frac{|[A_1]|}{|[A]|} = \frac{-9}{-7} = \frac{9}{7}，x_2 = \frac{|[A_2]|}{|[A]|} = \frac{-1}{-7} = \frac{1}{7}$$

則 $\begin{cases} x_1 = \dfrac{9}{7} \\ x_2 = \dfrac{1}{7} \end{cases}$ 為其解

● 例題 **10-4**

試利用克拉瑪法則求方程組 $\begin{cases} 2x_1 + x_2 - x_3 = 3 \\ x_1 - x_2 + 3x_3 = 5 \\ x_1 + 3x_2 - 2x_3 = 1 \end{cases}$ 之解？

解 將方程組改寫為

$$\begin{bmatrix} 2 & 1 & -1 \\ 1 & -1 & 3 \\ 1 & 3 & -2 \end{bmatrix} \begin{bmatrix} x_1 \\ x_2 \\ x_3 \end{bmatrix} = \begin{bmatrix} 3 \\ 5 \\ 1 \end{bmatrix}$$

$$\det[A] = |[A]| = \begin{vmatrix} 2 & 1 & -1 \\ 1 & -1 & 3 \\ 1 & 3 & -2 \end{vmatrix} = [(4 - 3 + 3) - (1 + 18 - 2)]$$

$$= [4 - 17] = -13$$

$$|[A_1]| = \begin{vmatrix} 3 & 1 & -1 \\ 5 & -1 & 3 \\ 1 & 3 & -2 \end{vmatrix} = [(6 - 15 + 3) - (1 + 27 - 10)]$$

$$= [(-6) - (18)] = -24$$

$$|[A_2]| = \begin{vmatrix} 2 & 3 & -1 \\ 1 & 5 & 3 \\ 1 & 1 & -2 \end{vmatrix} = [(-20 - 1 + 9) - (-5 - 6 + 6)]$$

$$= [(-12) + 5] = -7$$

$$|[A_3]| = \begin{vmatrix} 2 & 1 & 3 \\ 1 & -1 & 5 \\ 1 & 3 & 1 \end{vmatrix} = [(-2 + 9 + 5) - (-3 + 1 + 30)]$$

$$= [12 - 28] = -16$$

則 $x_1 = \dfrac{-24}{-13} = \dfrac{24}{13}$，$x_2 = \dfrac{-7}{-13} = \dfrac{7}{13}$，$x_3 = \dfrac{-16}{-13} = \dfrac{16}{13}$

故 $\begin{cases} x_1 = \dfrac{24}{13} \\ x_2 = \dfrac{7}{13} \\ x_3 = \dfrac{16}{13} \end{cases}$ 為其解

● 例題 **10-5**

利用克拉瑪法則求方程組 $\begin{cases} 3x_1 - x_2 + x_3 = 1 \\ x_1 + x_2 - 2x_3 = -1 \\ -x_1 + x_2 + 2x_3 = 2 \end{cases}$ 之解。

解 將方程組改寫為

$$\begin{bmatrix} 3 & -1 & 1 \\ 1 & 1 & -2 \\ -1 & 1 & 2 \end{bmatrix} \begin{bmatrix} x_1 \\ x_2 \\ x_3 \end{bmatrix} = \begin{bmatrix} 1 \\ -1 \\ 2 \end{bmatrix}$$

$$\det[A] = |A| = \begin{vmatrix} 3 & -1 & 1 \\ 1 & 1 & -2 \\ -1 & 1 & 2 \end{vmatrix} = [(6 - 2 + 1) - (-1 - 6 - 2)] = 14$$

替代矩陣行列式之值分別為

$$|[A_1]| = \begin{vmatrix} 1 & -1 & 1 \\ -1 & 1 & -2 \\ 2 & 1 & 2 \end{vmatrix} = [(2 - 1 + 4) - (2 - 2 + 2)] = 3$$

$$|[A_2]| = \begin{vmatrix} 3 & 1 & 1 \\ 1 & -1 & -2 \\ -1 & 2 & 2 \end{vmatrix} = [(-6 + 2 + 2) - (1 - 12 + 2)] = 7$$

$$|[A_3]| = \begin{vmatrix} 3 & -1 & 1 \\ 1 & 1 & -1 \\ -1 & 1 & 2 \end{vmatrix} = [(6 + 1 - 1) - (-1 - 3 - 2)] = 12$$

則 $x_1 = \dfrac{3}{14}$，$x_2 = \dfrac{7}{14} = \dfrac{1}{2}$，$x_3 = \dfrac{12}{14} = \dfrac{6}{7}$

故 $\begin{cases} x_1 = \dfrac{3}{14} \\ x_2 = \dfrac{1}{2} \\ x_3 = \dfrac{6}{7} \end{cases}$ 為其解

練習題

1. 試利用反矩陣法求下列方程組的解

(1) $\begin{cases} 2x_1 + x_2 = 3 \\ 3x_1 - 2x_2 = 1 \end{cases}$

(2) $\begin{cases} 2x_1 - x_2 = 1 \\ 3x_1 + x_2 = 4 \end{cases}$

(3) $\begin{cases} x_1 - 3x_2 = 2 \\ x_1 + 2x_2 = 3 \end{cases}$

(4) $\begin{cases} x_1 + 2x_2 = 4 \\ -3x_1 - x_2 = 1 \end{cases}$

(5) $\begin{cases} 3x_1 - 2x_2 + 2x_3 = 4 \\ x_1 + 2x_2 - x_3 = -1 \\ 2x_1 + x_2 - 4x_3 = -2 \end{cases}$

(6) $\begin{cases} 2x_1 + 2x_2 - 3x_3 = 2 \\ x_1 - x_2 + 2x_3 = 3 \\ x_1 - 2x_2 + 4x_3 = 4 \end{cases}$

(7) $\begin{cases} x_1 + 0x_2 - x_3 = 1 \\ 2x_1 + x_2 + x_3 = -1 \\ x_1 + x_2 + 2x_3 = 2 \end{cases}$

(8) $\begin{cases} x_1 - x_2 + x_3 = 2 \\ 2x_1 + x_2 + x_3 = 3 \\ 3x_1 - 2x_2 - x_3 = -1 \end{cases}$

2. 試利用克拉瑪法則求上題中方程組的解。

3. 試利用反矩陣法和克拉瑪法則求方程組的解

$\begin{cases} 3x_1 + 2x_2 - x_3 + x_4 = 5 \\ x_1 - x_2 + 2x_3 - x_4 = 4 \\ 2x_1 - 3x_2 + x_3 + x_4 = 6 \\ x_1 - x_2 - x_3 + 2x_4 = 2 \end{cases}$

三　線性轉換

在討論物件的運動時，其前後位置的關係有時也可以用矩陣的方式來表示，比如說原來在(x, y, z)位置上的物體，經過Δt時間後移到了$(x + \Delta x, y + \Delta y, z + \Delta z)$點上，記為$(x', y', z')$，亦即

$$x' = x + \Delta x \text{，} y' = y + \Delta y \text{，} z' = z + \Delta z$$

如果以矩陣方式來表示，可以寫為

$$\begin{Bmatrix} x' \\ y' \\ z' \\ 1 \end{Bmatrix} = \begin{bmatrix} 1 & 0 & 0 & \Delta x \\ 0 & 1 & 0 & \Delta y \\ 0 & 0 & 1 & \Delta z \\ 0 & 0 & 0 & 1 \end{bmatrix} \begin{Bmatrix} x \\ y \\ z \\ 1 \end{Bmatrix}$$ **（平移）**，記為$[u'] = [T][u]$

將矩陣展開確可得到 $x' = x + \Delta x$，$y' = y + \Delta y$ 和 $z' = z + \Delta z$ 之結果，再者，如果一個物體在 x 軸、y 軸和 z 軸方向的膨脹率分別為 S_x，S_y 和 S_z，則膨脹前後的尺寸關係式為

$$\begin{Bmatrix} x' \\ y' \\ z' \\ 1 \end{Bmatrix} = \begin{bmatrix} S_x & 0 & 0 & 0 \\ 0 & S_y & 0 & 0 \\ 0 & 0 & S_z & 0 \\ 0 & 0 & 0 & 1 \end{bmatrix} \begin{Bmatrix} x \\ y \\ z \\ 1 \end{Bmatrix}$$ **（縮放）**，記為$[u'] = [s][u]$

將矩陣展開後的關係式為

$$x' = S_x x \text{，} y' = S_y y \text{，} z' = S_z z$$

物體運動還有一種常見的方式就是旋轉，可以是繞著 x 軸、y 軸或 z 軸轉，也可以同時繞著兩個軸或三個軸轉。今假設物體是繞著 z 軸轉動，也就是在 $x - y$ 平面上運動，如圖所示。

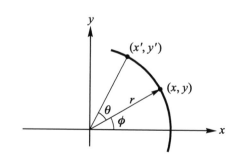

設旋轉半徑為 r，原來在(x, y)位置上，其坐標為

$$x = r\cos\phi$$

$$y = r\sin\phi$$

當旋轉了 θ 角度來到(x', y')位置時，其坐標為

$$x' = r\cos(\phi + \theta) = r[\cos\phi\cos\theta - \sin\phi\sin\theta]$$

$$y' = r\sin(\phi + \theta) = r[\sin\phi\cos\theta + \cos\phi\sin\theta]$$

或 $x' = r\cos\phi\cos\theta - r\sin\phi\sin\theta = x\cos\theta - y\sin\theta$

$y' = r\sin\phi\cos\theta + r\cos\phi\sin\theta = y\cos\theta + x\sin\theta = x\sin\theta + y\cos\theta$

將其寫為矩陣型式為

$$\begin{Bmatrix} x' \\ y' \end{Bmatrix} = \begin{bmatrix} \cos\theta & -\sin\theta \\ \sin\theta & \cos\theta \end{bmatrix} \begin{bmatrix} x \\ y \end{bmatrix} \text{，（繞 } z \text{ 軸逆時針旋轉）}$$

將其展開得到和前面相同的結果，亦即

$$x' = x\cos\theta - y\sin\theta$$

$$y' = x\sin\theta + y\cos\theta$$

因為 z 軸不變動，所以也可以把旋轉矩陣擴增為

$$\begin{Bmatrix} x' \\ y' \\ z' \\ 1 \end{Bmatrix} = \begin{bmatrix} \cos\theta & -\sin\theta & 0 & 0 \\ \sin\theta & \cos\theta & 0 & 0 \\ 0 & 0 & 1 & 0 \\ 0 & 0 & 0 & 1 \end{bmatrix} \begin{bmatrix} x \\ y \\ z \\ 1 \end{bmatrix}$$

（繞 z 軸逆時針旋轉），記為$[u'] = R_z[u]$

依此類推，繞 y 軸逆時針和繞 x 軸逆時針旋轉的矩陣表示法為

$$\begin{Bmatrix} x' \\ y' \\ z' \\ 1 \end{Bmatrix} = \begin{bmatrix} \cos\theta & 0 & \sin\theta & 0 \\ 0 & 1 & 0 & 0 \\ -\sin\theta & 0 & \cos\theta & 0 \\ 0 & 0 & 0 & 1 \end{bmatrix} \begin{bmatrix} x \\ y \\ z \\ 1 \end{bmatrix}$$

（繞 y 軸逆時針旋轉），記為$[u'] = R_y[u]$

$$\begin{Bmatrix} x' \\ y' \\ z' \\ 1 \end{Bmatrix} = \begin{bmatrix} 1 & 0 & 0 & 0 \\ 0 & \cos\theta & -\sin\theta & 0 \\ 0 & \sin\theta & \cos\theta & 0 \\ 0 & 0 & 0 & 1 \end{bmatrix} \begin{bmatrix} x \\ y \\ z \\ 1 \end{bmatrix}$$

（繞 x 軸逆時針旋轉），記為 $[u'] = R_x[u]$

上述關係式中，$[u]$ 稱為原矩陣，$[u']$ 為轉換後新矩陣，其他的包含 $[T]$，$[S]$，$[R]$ 等三矩陣則為轉換矩陣，$[T]$ 為平移轉換，$[S]$ 為縮放轉換，$[R]$ 為旋轉轉換。$[S]$ 和 $[R]$ 如為 3×3 階本已足夠，但因有時必需和平移轉換 $[T]$ 做運算，故擴增為 4×4 階。

● 例題 **10-6**

空間中有一物體位於 $(2, 3, 1)$ 坐標位置上，若平移量為 $\Delta x = 4$，$\Delta y = -1$，$\Delta z = 2$，試列出轉換方程式並求其最後之位置？

解 轉換方程式為

$$\begin{Bmatrix} x' \\ y' \\ z' \\ 1 \end{Bmatrix} = \begin{bmatrix} 1 & 0 & 0 & 4 \\ 0 & 1 & 0 & -1 \\ 0 & 0 & 1 & 2 \\ 0 & 0 & 0 & 1 \end{bmatrix} \begin{bmatrix} 2 \\ 3 \\ 1 \\ 1 \end{bmatrix}$$

展開得 $x' = 2 + 4 = 6$

$y' = 3 - 1 = 2$

$z' = 1 + 2 = 3$

故最後位置為 $(6, 2, 3)$

● 例題 10-7

上題中如果平移物體再對 z 軸逆時針旋轉 $90°$，然後再對 y 軸逆時針旋轉 $90°$，求最後之坐標位置？

解 (1) 對 z 軸逆時針旋轉 $90°$ 之轉換方程式為

$$
\begin{Bmatrix} x' \\ y' \\ z' \\ 1 \end{Bmatrix} = \begin{bmatrix} \cos 90° & -\sin 90° & 0 & 0 \\ \sin 90° & \cos 90° & 0 & 0 \\ 0 & 0 & 1 & 0 \\ 0 & 0 & 0 & 1 \end{bmatrix} \begin{bmatrix} 6 \\ 2 \\ 3 \\ 1 \end{bmatrix}
$$

$$
= \begin{bmatrix} 0 & -1 & 0 & 0 \\ 1 & 0 & 0 & 0 \\ 0 & 0 & 1 & 0 \\ 0 & 0 & 0 & 1 \end{bmatrix} \begin{bmatrix} 6 \\ 2 \\ 3 \\ 1 \end{bmatrix} = \begin{bmatrix} -2 \\ 6 \\ 3 \\ 1 \end{bmatrix}
$$

得旋轉後之位置為 $(-2, 6, 3)$

(2) 對 y 軸逆時針旋轉 $90°$ 之方程式為

$$
\begin{Bmatrix} x' \\ y' \\ z' \\ 1 \end{Bmatrix} = \begin{bmatrix} \cos 90° & 0 & \sin 90° & 0 \\ 0 & 1 & 0 & 0 \\ -\sin 90° & 0 & \cos 90° & 0 \\ 0 & 0 & 0 & 1 \end{bmatrix} \begin{bmatrix} -2 \\ 6 \\ 3 \\ 1 \end{bmatrix}
$$

$$
= \begin{bmatrix} 0 & 0 & 1 & 0 \\ 0 & 1 & 0 & 0 \\ -1 & 0 & 0 & 0 \\ 0 & 0 & 0 & 1 \end{bmatrix} \begin{bmatrix} -2 \\ 6 \\ 3 \\ 1 \end{bmatrix} = \begin{bmatrix} 3 \\ 6 \\ 2 \\ 1 \end{bmatrix}
$$

得旋轉後之位置為 $(3, 6, 2)$

在函數轉換的過程中，如果存在於同一向量空間中的兩個向量 u 和 v，存在下列關係時就稱為線性轉換，即

$$f(\alpha u + \beta v) = \alpha f(u) + \beta f(v)$$

其中 α 和 β 為任意之純量。

● 例題 **10-8**

試驗證旋轉矩陣$[R]$爲線性轉換。

解 以空間中之一點 $A(x, y, z)$繞 z軸做逆時針旋轉角 θ爲例

$$\begin{Bmatrix} x' \\ y' \\ z' \\ 1 \end{Bmatrix} = \begin{bmatrix} \cos\theta & -\sin\theta & 0 & 0 \\ \sin\theta & \cos\theta & 0 & 0 \\ 0 & 0 & 1 & 0 \\ 0 & 0 & 0 & 1 \end{bmatrix} \begin{bmatrix} x \\ y \\ z \\ 1 \end{bmatrix},$$

此轉換方程式可以簡化爲

$$[u'] = \begin{Bmatrix} x' \\ y' \end{Bmatrix} = \begin{bmatrix} \cos\theta & -\sin\theta \\ \sin\theta & \cos\theta \end{bmatrix} \begin{bmatrix} x \\ y \end{bmatrix} = [R][u],$$

即 $f(u) = [R][u]$，

令 $u = \alpha u_1 + \beta u_2$ 代入得

$$\begin{aligned} f(\alpha u_1 + \beta u_2) &= [R](\alpha u_1 + \beta u_2) \\ &= \alpha[R][u_1] + \beta[R][u_2] \\ &= \alpha f(u_1) + \beta(u_2)，故爲線性轉換。 \end{aligned}$$

　　矩陣的線性轉換過程中，不同的幾個轉換可以合併處理，結果會與分次處理相同，唯需注意轉換矩陣的順序，先發生的轉換置於最右方處，依序往左方排列，否則會產生錯誤。

● 例題 **10-9**

試合併運算【例題 10-6】與【例題 10-7】之轉換過程，並比較二者結果。

解 轉換方程式合併後為

$$
\begin{Bmatrix} x' \\ y' \\ z' \\ 1 \end{Bmatrix} = \begin{bmatrix} \cos90° & 0 & \sin90° & 0 \\ 0 & 1 & 0 & 0 \\ -\sin90° & 0 & \cos90° & 0 \\ 0 & 0 & 0 & 1 \end{bmatrix} \begin{bmatrix} \cos90° & -\sin90° & 0 & 0 \\ \sin90° & \cos90° & 0 & 0 \\ 0 & 0 & 1 & 0 \\ 0 & 0 & 0 & 1 \end{bmatrix} \begin{bmatrix} 1 & 0 & 0 & 4 \\ 0 & 1 & 0 & -1 \\ 0 & 0 & 1 & 2 \\ 0 & 0 & 0 & 1 \end{bmatrix} \begin{bmatrix} x \\ y \\ z \\ 1 \end{bmatrix}
$$

$$
= \begin{bmatrix} 0 & 0 & 1 & 0 \\ 0 & 1 & 0 & 0 \\ -1 & 0 & 0 & 0 \\ 0 & 0 & 0 & 1 \end{bmatrix} \begin{bmatrix} 0 & -1 & 0 & 0 \\ 1 & 0 & 0 & 0 \\ 0 & 0 & 1 & 0 \\ 0 & 0 & 0 & 1 \end{bmatrix} \begin{bmatrix} 1 & 0 & 0 & 4 \\ 0 & 1 & 0 & -1 \\ 0 & 0 & 1 & 2 \\ 0 & 0 & 0 & 1 \end{bmatrix} \begin{bmatrix} 2 \\ 3 \\ 1 \\ 1 \end{bmatrix}
$$

$$
= \begin{bmatrix} 0 & 0 & 1 & 0 \\ 1 & 0 & 0 & 0 \\ 0 & 1 & 0 & 0 \\ 0 & 0 & 0 & 1 \end{bmatrix} \begin{bmatrix} 1 & 0 & 0 & 4 \\ 0 & 1 & 0 & -1 \\ 0 & 0 & 1 & 2 \\ 0 & 0 & 0 & 1 \end{bmatrix} \begin{bmatrix} 2 \\ 3 \\ 1 \\ 1 \end{bmatrix}
$$

$$
= \begin{bmatrix} 0 & 0 & 1 & 2 \\ 1 & 0 & 0 & 4 \\ 0 & 1 & 0 & -1 \\ 0 & 0 & 0 & 1 \end{bmatrix} \begin{bmatrix} 2 \\ 3 \\ 1 \\ 1 \end{bmatrix} = \begin{bmatrix} 3 \\ 6 \\ 2 \\ 1 \end{bmatrix}
$$

最後位置為(3, 6, 2)，與例 10-7 所得相同。

　　在前述的轉換案例中，都是以坐標軸原點為參考點，如果欲選擇空間中的某一點為參考點，則需先把它平移回到原點進行轉換，完成後再移回設定的參考點。

● 例題 **10-10**

空間中的一個點，坐標為 $A(2, 3, 1)$，求該點在 z 軸方向對 $C(6, 5, 6)$ 點逆時針做 $30°$ 旋轉後之位置？

解 先將 C 點移到原點，並將 A 點做同步平移，然後將 A 點對 z 軸做 $30°$ 逆時針旋轉，再將參考點由原點移回 C 點，並將旋轉後之 A 點同步平移即得，轉換方程式為

$$\begin{Bmatrix} x' \\ y' \\ z' \\ 1 \end{Bmatrix}_A = \begin{bmatrix} 1 & 0 & 0 & 6 \\ 0 & 1 & 0 & 5 \\ 0 & 0 & 1 & 6 \\ 0 & 0 & 0 & 1 \end{bmatrix} \begin{bmatrix} \cos 30° & -\sin 30° & 0 & 0 \\ \sin 30° & \cos 30° & 0 & 0 \\ 0 & 0 & 1 & 0 \\ 0 & 0 & 0 & 1 \end{bmatrix} \begin{bmatrix} 1 & 0 & 0 & -6 \\ 0 & 1 & 0 & -5 \\ 0 & 0 & 1 & -6 \\ 0 & 0 & 0 & 1 \end{bmatrix} \begin{bmatrix} 2 \\ 3 \\ 1 \\ 1 \end{bmatrix}$$

$$= \begin{bmatrix} \dfrac{\sqrt{3}}{2} & -0.5 & 0 & 6 \\ 0.5 & \dfrac{\sqrt{3}}{2} & 0 & 5 \\ 0 & 0 & 1 & 6 \\ 0 & 0 & 0 & 1 \end{bmatrix} \begin{bmatrix} 1 & 0 & 0 & -6 \\ 0 & 1 & 0 & -5 \\ 0 & 0 & 1 & -6 \\ 0 & 0 & 0 & 1 \end{bmatrix} \begin{bmatrix} 2 \\ 3 \\ 1 \\ 1 \end{bmatrix}$$

$$= \begin{bmatrix} \dfrac{\sqrt{3}}{2} & -0.5 & 0 & 8.5-3\sqrt{3} \\ 0.5 & \dfrac{\sqrt{3}}{2} & 0 & 2-2.5\sqrt{3} \\ 0 & 0 & 1 & -5 \\ 0 & 0 & 0 & 1 \end{bmatrix} \begin{bmatrix} 2 \\ 3 \\ 1 \\ 1 \end{bmatrix} = \begin{bmatrix} 7-2\sqrt{3} \\ 3-\sqrt{3} \\ -4 \\ 1 \end{bmatrix} = \begin{bmatrix} 3.536 \\ 1.268 \\ -4 \\ 1 \end{bmatrix}$$

故得旋轉後之 A 點坐標為 $A'(3.536, 1.268, -4)$

練習題

1. 試求點 $A(3, 1, 2)$ 平移 $\Delta x = 1$，$\Delta y = -1$，$\Delta z = 2$ 後，再繞著 x 軸逆時針旋轉 30°後之位置？

2. 平面上之三角形 ABC 坐標為 $A(4, 0)$，$B(6, 0)$，$C(5, 1)$，求該三角形膨脹 2 倍後對 z 軸逆時針旋轉 30°後之位置？

3. 上題中若欲對點$(3, 6)$進行同樣的膨脹與旋轉，求該三角形最後之位置？

4. 空間中點 $A(2, 1, 1)$ 平移 $\Delta x = -1$，$\Delta y = 2$，$\Delta z = 1$ 後，對點$(2, 3, 3)$逆時針繞 z 軸 30°，求 A 點最後之位置？

5. 平面上之梯形 $A(2, 1, 0)$，$B(6, 1, 0)$，$C(3, 2, 0)$，$D(5, 2, 0)$欲對點$(4, 1, 0)$做逆時針 30°繞 y 軸旋轉後，再對 z 軸逆時針做 30°旋轉，求梯形最後之位置。

課後作業

1. 試以反矩陣法求方程組 $\begin{cases} 2x_1 - x_2 - 3x_3 = 2 \\ 4x_1 + 2x_2 + x_3 = 6 \\ -3x_1 + 2x_2 + 4x_3 = 4 \end{cases}$ 之解？

2. 利用克拉瑪法則求方程組 $\begin{cases} x_1 + 2x_2 - x_3 + x_4 = 3 \\ 2x_1 - x_2 + x_3 + 3x_4 = 4 \\ x_1 - x_2 + 2x_3 + x_4 = 2 \\ 3x_1 + x_2 - 2x_3 + 2x_4 = 5 \end{cases}$ 之解？

3. 空間中有一物體位於 $(2, 3, 1)$ 坐標位置上，若平移量為 $\Delta x = 4$，$\Delta y = -1$，$\Delta z = 2$，試列出轉換方程式並求其最後之位置？如果平移後物體再對 z 軸逆時針旋轉 30°，然後再對 y 軸逆時針旋轉 60°，求最後之坐標位置？

4. 試合併運算上題中之轉換過程，並比較二者之結果。

5. 空間中之線段 $\overline{AB}$，坐標分別為 $A(2, 3, 1)$，$B(4, 1, 3)$，求該線段在 z 軸方向對 $C(6, 5, 6)$點逆時針做 $30°$旋轉後之位置？

11

特徵值與特徵向量

本章大綱

一、特徵值與特徵向量的意義
二、特徵值與特徵向量的求法
三、矩陣的對角線化

學習重點

矩陣的特徵值與特徵向量是線性代數中有關線性變換之重要性質。本章除了探討如何求得矩陣之特徵值與特徵向量外，也討論了利用特徵向量矩陣及其反矩陣將原矩陣對角線化，使得到簡單的對角矩陣做為後續其他領域應用的基礎。

一　特徵值與特徵向量的意義

在線性轉換中，轉換方程式可以表示為$[x'] = [A][x]$，其中$[A]$為$n \times n$階之方矩陣，**如果在 n 維空間 R^n 中可以找到一個非零的向量$[x]$，使得$[A][x] = \lambda[x]$，則稱為 λ 為$[A]$的特徵值(eigenvalue)，對於某個特定的特徵值 λ_n 來說，滿足於$[A][x] = \lambda[x]$ 之關係式的向量$[x]_n$，稱為$[A]$對應於特徵值 λ_n 的特徵向量(eigenvector)，特徵值也 可以稱為固有值，而特徵向量也因而被稱為固有向量。**

● 例題 **11-1**

若$[A]$為單位矩陣，求其特徵值及相對之特徵向量。

解 關係式為$[A][x] = \lambda[x]$，因$[A]$為單位矩陣，
故$[I][x] = \lambda[x]$，得 $\lambda = 1$ 為$[A]$之唯一特徵值，
亦即$[I][x] = 1[x]$

若 λ 為轉換矩陣$[A]$的特徵值，$[x]$為特徵向量，亦即$[A][x] = \lambda[x]$成立，此式代表的意義是，**當向量$[x]$經過轉換矩陣$[A]$的線性轉換以後，成為自身的 λ 倍，亦即 $\lambda[x]$。若 λ 為負，表示轉換後之$[x]$向量與原向量方向相反，若 λ 為正，則表示轉換 後之$[x]$向量仍在原來方向上。若 $\lambda < 1$，表示轉換後$[x]$向量被縮小，$\lambda > 1$ 則表示 轉換後$[x]$向量被放大了 λ 倍。另外，若出現 $\lambda = 0$ 之情況，表示$[x]$向量在轉換後縮 回至原點。**

特徵值與特徵向量在許多工程、物理、力學及振動等學科上都被利用來解決 問題，有些時候甚為簡明易懂，但也有部份求法非常複雜，不管何種情況，求法 都是相同的。

● 例題 11-2

若轉換矩陣$[A]$如下，試求向量$[x_1] = \begin{bmatrix} 1 \\ 1 \end{bmatrix}$和$[x_2] = \begin{bmatrix} 2 \\ -1 \end{bmatrix}$轉換後之向量，及其特徵值。

(1) $[A] = \begin{bmatrix} 1 & 0 \\ 0 & 1 \end{bmatrix}$　(2) $[A] = \begin{bmatrix} 2 & 0 \\ 0 & -2 \end{bmatrix}$　(3) $[A] = \begin{bmatrix} 0 & \dfrac{1}{2} \\ \dfrac{1}{2} & 0 \end{bmatrix}$　(4) $[A] = \begin{bmatrix} 1 & 1 \\ -2 & 4 \end{bmatrix}$

解 (1) $[A][x_1] = \begin{bmatrix} 1 & 0 \\ 0 & 1 \end{bmatrix}\begin{bmatrix} 1 \\ 1 \end{bmatrix} = \begin{bmatrix} 1 \\ 1 \end{bmatrix} = \lambda_1 \begin{bmatrix} 1 \\ 1 \end{bmatrix}$

得 $\lambda_1 = 1$ 為特徵值，對應之特徵向量為 $\begin{bmatrix} 1 \\ 1 \end{bmatrix}$，

$[A][x_2] = \begin{bmatrix} 1 & 0 \\ 0 & 1 \end{bmatrix}\begin{bmatrix} 2 \\ -1 \end{bmatrix} = \begin{bmatrix} 2 \\ -1 \end{bmatrix} = \lambda_2 \begin{bmatrix} 2 \\ -1 \end{bmatrix}$，

得 $\lambda_2 = 1$ 為特徵值，對應之特徵向量為 $\begin{bmatrix} 2 \\ -1 \end{bmatrix}$

因 λ_1 和 λ_2 都等於 1，表示轉換後向量之大小和方向都不變。

(2) $[A][x_1] = \begin{bmatrix} 2 & 0 \\ 0 & 2 \end{bmatrix}\begin{bmatrix} 1 \\ 1 \end{bmatrix} = \begin{bmatrix} 2 \\ 2 \end{bmatrix} = \lambda_1 \begin{bmatrix} 1 \\ 1 \end{bmatrix}$

得 $\lambda_1 = 2$ 為特徵值，對應之特徵向量為 $\begin{bmatrix} 1 \\ 1 \end{bmatrix}$

因 $\lambda_1 = 2$，表示轉換後向量放大 2 倍，在原來方向上。

$[A][x_2] = \begin{bmatrix} 2 & 0 \\ 0 & 2 \end{bmatrix}\begin{bmatrix} 2 \\ -1 \end{bmatrix} = \begin{bmatrix} 4 \\ -2 \end{bmatrix} = \lambda_2 \begin{bmatrix} 2 \\ -1 \end{bmatrix}$，

得 $\lambda_2 = 2$ 為特徵值，對應之特徵向量為 $\begin{bmatrix} 2 \\ -1 \end{bmatrix}$，

因 $\lambda_2 = 2$，轉換後之向量亦為同向放大 2 倍之向量。

(3) $[A][x_1] = \begin{bmatrix} 0 & \dfrac{1}{2} \\ \dfrac{1}{2} & 0 \end{bmatrix}\begin{bmatrix} 1 \\ 1 \end{bmatrix} = \begin{bmatrix} \dfrac{1}{2} \\ \dfrac{1}{2} \end{bmatrix} = \lambda_1 \begin{bmatrix} 1 \\ 1 \end{bmatrix}$，

得 $\lambda_1 = \dfrac{1}{2}$，為特徵值，對應之特徵向量為 $\begin{bmatrix} 1 \\ 1 \end{bmatrix}$，

因 $\lambda_1 = \dfrac{1}{2}$，故轉換後之向量為同向縮小為半之向量。

$$[A][x_2] = \begin{bmatrix} 0 & \dfrac{1}{2} \\ \dfrac{1}{2} & 0 \end{bmatrix} \begin{bmatrix} 2 \\ -1 \end{bmatrix} = \begin{bmatrix} -\dfrac{1}{2} \\ 1 \end{bmatrix} = \lambda_2 \begin{bmatrix} 2 \\ -1 \end{bmatrix}$$

λ_2 不存在，表示轉換後 $[x_2]$ 不在原來方向或相反方向上，
而是跑到別的地方去了。

(4) $[A][x_1] = \begin{bmatrix} 1 & 1 \\ -2 & 4 \end{bmatrix} \begin{bmatrix} 1 \\ 1 \end{bmatrix} = \begin{bmatrix} 2 \\ 2 \end{bmatrix} = \lambda_1 \begin{bmatrix} 1 \\ 1 \end{bmatrix}$

得 $\lambda_2 = 2$，對應之特徵向量為 $\begin{bmatrix} 1 \\ 1 \end{bmatrix}$，

轉換後之向量為與原向量同向且放大 2 倍之向量。

$$[A][x_2] = \begin{bmatrix} 1 & 1 \\ -2 & 4 \end{bmatrix} \begin{bmatrix} 2 \\ -1 \end{bmatrix} = \begin{bmatrix} 1 \\ -8 \end{bmatrix} = \lambda_2 \begin{bmatrix} 2 \\ -1 \end{bmatrix}$$

λ_2 不存在，表示轉換後 $[x_2]$ 不在原來方向或相反方向上。

● 例題 **11-3**

將【例題 11-2】中向量 $[x_1]$ 和 $[x_2]$ 轉換前後繪於 $x - y$ 平面上。

 解

(1)
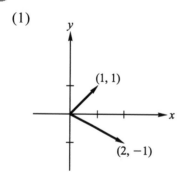
轉換前後向量相同

(2)
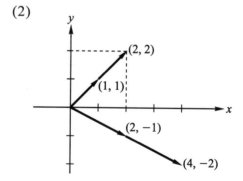
轉換後向量同向放大 2 倍

(3)

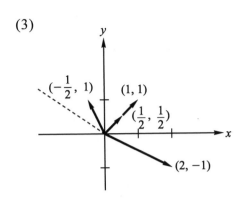

轉換後$[x_1]$在同方向縮小為$\frac{1}{2}$，$[x_2]$則已不在原向量的方向或反方向上，故特徵值不存在。

(4)

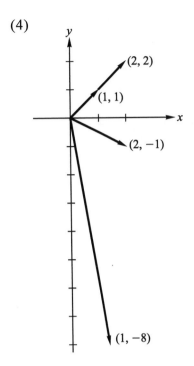

轉換後$[x_1]$在原方向上放大 2 倍，$[x_2]$則不在原方向或反方向上，故特徵值不存在。

● 例題 **11-4**

平面上的線段$\overline{PQ}$坐標分別為 $P(1, 1)$，$Q(1, -1)$，若經轉換矩陣$[A] = \begin{bmatrix} 2 & 1 \\ 1 & 2 \end{bmatrix}$轉換後，求其圖形及相對於 P、Q 點之特徵值？

解 (1) P 點轉換

$$[A]\begin{bmatrix} 1 \\ 1 \end{bmatrix} = \begin{bmatrix} 2 & 1 \\ 1 & 2 \end{bmatrix}\begin{bmatrix} 1 \\ 1 \end{bmatrix} = \begin{bmatrix} 3 \\ 3 \end{bmatrix} = \lambda_1\begin{bmatrix} 1 \\ 1 \end{bmatrix} \text{，} \lambda_1 = 3$$

(2) Q 點轉換

$$[A]\begin{bmatrix} 1 \\ -1 \end{bmatrix} = \begin{bmatrix} 2 & 1 \\ 1 & 2 \end{bmatrix}\begin{bmatrix} 1 \\ -1 \end{bmatrix} = \begin{bmatrix} 1 \\ -1 \end{bmatrix} = \lambda_2\begin{bmatrix} 1 \\ -1 \end{bmatrix} \text{，} \lambda_2 = 1$$

(3) 轉換前後之圖形如下：

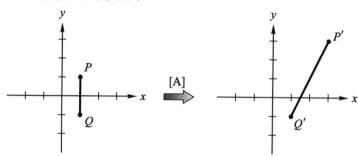

● 例題 **11-5**

平面上之三角形頂點坐標分別為 $P(3, 3)$，$Q(4, 4)$，$R(4, 2)$，若經轉換矩陣 $[A] = \begin{bmatrix} 2 & -1 \\ 1 & 1 \end{bmatrix}$ 轉換後，求其圖形及相對於三角形各頂點之特徵值。

解 (1) P 點轉換

$$[A]\begin{bmatrix} 3 \\ 3 \end{bmatrix} = \begin{bmatrix} 2 & -1 \\ 1 & 1 \end{bmatrix}\begin{bmatrix} 3 \\ 3 \end{bmatrix} = \begin{bmatrix} 3 \\ 6 \end{bmatrix} = \lambda_1 \begin{bmatrix} 3 \\ 3 \end{bmatrix}，\lambda_1 \text{ 不存在}$$

(2) Q 點轉換

$$[A]\begin{bmatrix} 4 \\ 4 \end{bmatrix} = \begin{bmatrix} 2 & -1 \\ 1 & 1 \end{bmatrix}\begin{bmatrix} 4 \\ 4 \end{bmatrix} = \begin{bmatrix} 4 \\ 8 \end{bmatrix} = \lambda_2 \begin{bmatrix} 4 \\ 4 \end{bmatrix}，\lambda_2 \text{ 不存在}$$

(3) R 點轉換

$$[A]\begin{bmatrix} 4 \\ 2 \end{bmatrix} = \begin{bmatrix} 2 & -1 \\ 1 & 1 \end{bmatrix}\begin{bmatrix} 4 \\ 2 \end{bmatrix} = \begin{bmatrix} 6 \\ 6 \end{bmatrix} = \lambda_3 \begin{bmatrix} 4 \\ 2 \end{bmatrix}，\lambda_3 \text{ 不存在}$$

(4) 轉換前後之圖形如下：

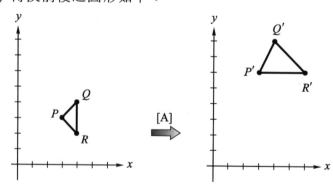

二 特徵值與特徵向量的求法

若$[A][x] = \lambda[x]$成立，為了運算方便，可以改寫為$[A][x] = \lambda[I][x]$，其結果完全不變，則$[A - \lambda I][x] = 0$，因$[x]$為非零向量，故要有非零之解必需滿足 $\det[A - \lambda I] = |A - \lambda I| = 0$，將此行列式展開後得到的方程式稱為特徵方程式。**解此特徵方程式後便可以得到與方矩陣$[A]$之階數 n 相同數目之特徵值 λ_1，λ_2，$\cdots\lambda_n$，再把所得到的各個特徵值分別代入$[A - \lambda I][x] = 0$中，可以得到 n 組向量$[x]_1$，$[x]_2$，$\cdots[x]_n$，即是對應於 λ_1 到 λ_n 的 n 組特徵向量。**

● 例題 **11-6**

已知線性轉換矩陣 $[A] = \begin{bmatrix} 2 & 1 \\ 0 & 1 \end{bmatrix}$，求其特徵值與特徵向量？

解 特徵方程式為

$\begin{vmatrix} 2-\lambda & 1 \\ 0 & 1-\lambda \end{vmatrix} = 0$，展開得$(2 - \lambda)(1 - \lambda) = 0$，解得特徵值 $\lambda_1 = 2$，$\lambda_2 = 1$

(1) $\lambda_1 = 2$，代入得

$\begin{bmatrix} 2-2 & 1 \\ 0 & 1-2 \end{bmatrix}\begin{bmatrix} x_1 \\ x_2 \end{bmatrix} = 0$，$\begin{bmatrix} 0 & 1 \\ 0 & -1 \end{bmatrix}\begin{bmatrix} x_1 \\ x_2 \end{bmatrix} = 0$，解得 $x_1 = c_1$，$x_2 = 0$

則特徵向量 $\begin{bmatrix} x_1 \\ x_2 \end{bmatrix} = c_1\begin{bmatrix} 1 \\ 0 \end{bmatrix}$

(2) $\lambda_2 = 1$，代入得

$\begin{bmatrix} 2-1 & 1 \\ 0 & 0 \end{bmatrix}\begin{bmatrix} x_1 \\ x_2 \end{bmatrix} = 0$，$\begin{bmatrix} 1 & 1 \\ 0 & 0 \end{bmatrix}\begin{bmatrix} x_1 \\ x_2 \end{bmatrix} = 0$，解得 $x_1 + x_2 = 0$

若 $x_2 = c_2$，則 $x_1 = -x_2 = -c_2$

特徵向量 $\begin{bmatrix} x_1 \\ x_2 \end{bmatrix} = c_2\begin{bmatrix} -1 \\ 1 \end{bmatrix}$

● 例題 **11-7**

已知線性轉換矩陣 $[A] = \begin{bmatrix} 3 & 2 \\ 4 & 1 \end{bmatrix}$，求其特徵值與特徵向量。

解 矩陣 $[A]$ 為 2×2 階，故可求得 2 個特徵值及 2 組特徵向量

$\det | A - \lambda I | = \begin{vmatrix} 3-\lambda & 2 \\ 4 & 1-\lambda \end{vmatrix} = 0$ 展開得

$(3 - \lambda)(1 - \lambda) - 8 = 0$ 或 $\lambda^2 - 4\lambda + 3 - 8 = 0$

得特徵方程式 $\lambda^2 - 4\lambda - 5 = 0$

(1) 解特徵方程式得特徵值 λ 為

$$\lambda_{1,2} = \frac{4 \pm \sqrt{(-4)^2 - 4(1)(-5)}}{2} = \frac{4 \pm \sqrt{36}}{2} = \frac{4 \pm 6}{2}$$

得特徵值 $\lambda_1 = 5$，$\lambda_2 = -1$

(2) 將特徵值分別代入求特徵向量，即

$$\begin{bmatrix} 3-\lambda & 2 \\ 4 & 1-\lambda \end{bmatrix} \begin{bmatrix} x_1 \\ x_2 \end{bmatrix} = 0$$

$\lambda_1 = 5$ 代入得

$$\begin{bmatrix} 3-5 & 2 \\ 4 & 1-5 \end{bmatrix} \begin{bmatrix} x_1 \\ x_2 \end{bmatrix}_1 = 0 \text{，} \begin{bmatrix} -2 & 2 \\ 4 & -4 \end{bmatrix} \begin{bmatrix} x_1 \\ x_2 \end{bmatrix} = 0$$

$-2x_1 + 2x_2 = 0$，$x_1 = x_2$

得 $[x]_1 = c_1 \begin{bmatrix} 1 \\ 1 \end{bmatrix}$ 為其特徵向量

$\lambda = -1$ 代入得

$$\begin{bmatrix} 3+1 & 2 \\ 4 & 1+1 \end{bmatrix} \begin{bmatrix} x_1 \\ x_2 \end{bmatrix}_2 = 0 \text{，} \begin{bmatrix} 4 & 2 \\ 4 & 2 \end{bmatrix} \begin{bmatrix} x_1 \\ x_2 \end{bmatrix} = 0$$

$4x_1 + 2x_2 = 0$，$x_1 = -\dfrac{1}{2} x_2$

得 $[x]_2 = c_2 \begin{bmatrix} -\dfrac{1}{2} \\ 1 \end{bmatrix}_2$ 為其特徵向量

故 $\lambda_1 = 5$，$[x]_1 = c_1 \begin{bmatrix} 1 \\ 1 \end{bmatrix}$ 與 $\lambda_2 = -1$，$[x]_2 = c_2 \begin{bmatrix} -\dfrac{1}{2} \\ 1 \end{bmatrix}$ 為其特徵值與特徵向量

● 例題 **11-8**

試求轉換矩陣 $[A] = \begin{bmatrix} 2 & 2 & 0 \\ 0 & 1 & 1 \\ 0 & 0 & 3 \end{bmatrix}$ 之特徵值及特徵向量？

解 特徵方程式為 $\begin{vmatrix} 2-\lambda & 2 & 0 \\ 0 & 1-\lambda & 1 \\ 0 & 0 & 3-\lambda \end{vmatrix}$

展開得 $(2-\lambda)(1-\lambda)(3-\lambda) = 0$

得特徵值為 $\lambda_1 = 2$，$\lambda_2 = 1$，$\lambda_3 = 3$

(1) $\lambda_1 = 2$，代入得

$$\begin{bmatrix} 2-2 & 2 & 0 \\ 0 & 1-2 & 1 \\ 0 & 0 & 3-2 \end{bmatrix}\begin{bmatrix} x_1 \\ x_2 \\ x_3 \end{bmatrix} = 0 \text{，} \begin{bmatrix} 0 & 2 & 0 \\ 0 & -1 & 1 \\ 0 & 0 & 1 \end{bmatrix}\begin{bmatrix} x_1 \\ x_2 \\ x_3 \end{bmatrix} = 0$$

展開得 $2x_2 = 0$，$-x_2 + x_3 = 0$，$x_3 = 0$

解得 $x_1 = c_1$，$x_2 = 0$，$x_3 = 0$

則特徵向量 $\begin{bmatrix} x_1 \\ x_2 \\ x_3 \end{bmatrix}_1 = c_1 \begin{bmatrix} 1 \\ 0 \\ 0 \end{bmatrix}$

(2) $\lambda_2 = 1$，代入得

$$\begin{bmatrix} 2-1 & 2 & 0 \\ 0 & 1-1 & 1 \\ 0 & 0 & 3-1 \end{bmatrix}\begin{bmatrix} x_1 \\ x_2 \\ x_3 \end{bmatrix} = 0 \text{，} \begin{bmatrix} 1 & 2 & 0 \\ 0 & 0 & 1 \\ 0 & 0 & 2 \end{bmatrix}\begin{bmatrix} x_1 \\ x_2 \\ x_3 \end{bmatrix} = 0$$

展開得 $x_1 + 2x_2 = 0$，$x_3 = 0$，$2x_3 = 0$

解得 $x_1 = -2x_2 = c_2$，$x_3 = 0$

則特徵向量 $\begin{bmatrix} x_1 \\ x_2 \\ x_3 \end{bmatrix}_2 = c_2 \begin{bmatrix} 1 \\ -\dfrac{1}{2} \\ 0 \end{bmatrix}$

(3) $\lambda_3 = 3$，代入得

$$\begin{bmatrix} 2-3 & 2 & 0 \\ 0 & 1-3 & 1 \\ 0 & 0 & 3-3 \end{bmatrix} \begin{bmatrix} x_1 \\ x_2 \\ x_3 \end{bmatrix} = 0 \, , \begin{bmatrix} -1 & 2 & 0 \\ 0 & -2 & 1 \\ 0 & 0 & 0 \end{bmatrix} \begin{bmatrix} x_1 \\ x_2 \\ x_3 \end{bmatrix} = 0$$

展開得 $-x_1 + 2x_2 = 0$ ， $-2x_2 + x_3 = 0$ ， $x_1 = 2\,x_2 = c_3$ ， $x_3 = 2x_2 = c_3$

則特徵向量 $\begin{bmatrix} x_1 \\ x_2 \\ x_3 \end{bmatrix}_3 = c_3 \begin{bmatrix} 1 \\ \dfrac{1}{2} \\ 1 \end{bmatrix}$

● 例題 11-9

試求轉換矩陣 $[A] = \begin{bmatrix} 2 & 0 & 0 \\ 1 & 1 & 2 \\ 0 & 0 & 2 \end{bmatrix}$ 之特徵值與特徵向量。

解 求特徵方程式 $\begin{vmatrix} 2-\lambda & 0 & 0 \\ 1 & 1-\lambda & 2 \\ 0 & 0 & 2-\lambda \end{vmatrix} = 0$ ，展開得

$(2 - \lambda)(1 - \lambda)(2 - \lambda) = 0$ ，則得 $\lambda_1 = \lambda_2 = 2$ ， $\lambda_3 = 1$

(1) 當 $\lambda_1 = \lambda_2 = 2$ 時，代入 $[A - \lambda I][x] = 0$ ，即

$$\begin{bmatrix} 2-2 & 0 & 0 \\ 1 & 1-2 & 2 \\ 0 & 0 & 2-2 \end{bmatrix} \begin{bmatrix} x_1 \\ x_2 \\ x_3 \end{bmatrix}_{1,2} = 0 \, , \begin{bmatrix} 0 & 0 & 0 \\ 1 & -1 & 2 \\ 0 & 0 & 0 \end{bmatrix} \begin{bmatrix} x_1 \\ x_2 \\ x_3 \end{bmatrix} = 0 \, ,$$

得 $x_1 - x_2 + 2x_3 = 0$

令 $x_1 = c_1$ ， $x_2 = c_2$ ， $x_3 = \dfrac{1}{2}(x_2 - x_1) = \dfrac{1}{2}(c_2 - c_1)$

則 $[x]_{1,2} = \begin{bmatrix} x_1 \\ x_2 \\ x_3 \end{bmatrix}_{1,2} = \begin{bmatrix} c_1 \\ c_2 \\ \dfrac{c_2}{2} - \dfrac{c_1}{2} \end{bmatrix} = \begin{bmatrix} c_1 \\ 0 \\ -\dfrac{c_1}{2} \end{bmatrix} + \begin{bmatrix} 0 \\ c_2 \\ \dfrac{c_2}{2} \end{bmatrix} = c_1 \begin{bmatrix} 1 \\ 0 \\ -\dfrac{1}{2} \end{bmatrix} + c_2 \begin{bmatrix} 0 \\ 1 \\ \dfrac{1}{2} \end{bmatrix}$

則 $[x]_1 = c_1 \begin{bmatrix} 1 \\ 0 \\ -\dfrac{1}{2} \end{bmatrix}$ ， $[x]_2 = c_2 \begin{bmatrix} 0 \\ 1 \\ \dfrac{1}{2} \end{bmatrix}$

(2) 當 $\lambda_3 = 1$ 時，代入 $[A - \lambda I][x] = 0$，即

$$\begin{bmatrix} 2-1 & 0 & 0 \\ 1 & 1-1 & 2 \\ 0 & 0 & 2-1 \end{bmatrix} \begin{bmatrix} x_1 \\ x_2 \\ x_3 \end{bmatrix}_3 = 0 \text{，} \begin{bmatrix} 1 & 0 & 0 \\ 1 & 0 & 2 \\ 0 & 0 & 1 \end{bmatrix} \begin{bmatrix} x_1 \\ x_2 \\ x_3 \end{bmatrix} = 0$$

得 $x_1 = 0$，$x_3 = 0$，$x_2 = c_3$（任意常數）

則 $[x]_3 = \begin{bmatrix} 0 \\ c_3 \\ 0 \end{bmatrix} = c_3 \begin{bmatrix} 0 \\ 1 \\ 0 \end{bmatrix}$

練習題

1. 求下列轉換矩陣之特徵值及特徵向量

(1) $[A] = \begin{bmatrix} 0 & \dfrac{1}{2} \\ \dfrac{1}{2} & 0 \end{bmatrix}$
(2) $[A] = \begin{bmatrix} -2 & 1 \\ 1 & 2 \end{bmatrix}$

(3) $[A] = \begin{bmatrix} 3 & -1 \\ -2 & 2 \end{bmatrix}$
(4) $[A] = \begin{bmatrix} 1 & 2 & 0 \\ 2 & 2 & 3 \\ 0 & -2 & 1 \end{bmatrix}$

(5) $[A] = \begin{bmatrix} 1 & 2 & 1 \\ 0 & 1 & 2 \\ -1 & 3 & 2 \end{bmatrix}$
(6) $[A] = \begin{bmatrix} 3 & 1 & 1 \\ 2 & 1 & 2 \\ 2 & 2 & -2 \end{bmatrix}$

(7) $[A] = \begin{bmatrix} 0 & 0 & 2 \\ 0 & 1 & 0 \\ 2 & 3 & 0 \end{bmatrix}$
(8) $[A] = \begin{bmatrix} 1 & 2 & 1 \\ 2 & 1 & 0 \\ 0 & 2 & 0 \end{bmatrix}$

(9) $[A] = \begin{bmatrix} 3 & 0 & 0 \\ 0 & 1 & 2 \\ 3 & 0 & 1 \end{bmatrix}$
(10) $[A] = \begin{bmatrix} 2 & 1 & 1 \\ 0 & 2 & 0 \\ 0 & 2 & 1 \end{bmatrix}$

(11) $[A] = \begin{bmatrix} 1 & 0 & 0 \\ 0 & 1 & 2 \\ 2 & 0 & 1 \end{bmatrix}$
(12) $[A] = \begin{bmatrix} 1 & 2 & -1 \\ 1 & 0 & 1 \\ 2 & 4 & 2 \end{bmatrix}$

2. 試求點$(2, 2)$及$(3, -1)$經上題中(1)，(2)，(3)之矩陣轉換後之位置。

三　矩陣的對角線化

在求得$[A]$矩陣特徵向量後，可以將它們合併為矩陣$[P]$，亦即

$$[P] = \left[\begin{bmatrix} x_1 \\ x_2 \\ \vdots \\ x_n \end{bmatrix}_1 \begin{bmatrix} x_1 \\ x_2 \\ \vdots \\ x_n \end{bmatrix}_2 \cdots \begin{bmatrix} x_1 \\ x_2 \\ \vdots \\ x_n \end{bmatrix}_n \right]_{n \times n}$$　稱為特徵向量矩陣。

由於$[A][x] = \lambda[I][x]$

此時如將$\lambda[I]$，即各特徵值組合而成一矩陣為$[D] = \begin{bmatrix} \lambda_1 & 0 & 0 & \cdots \\ 0 & \lambda_2 & 0 & \cdots \\ 0 & 0 & \lambda_3 & \cdots \\ & \vdots & & \end{bmatrix}_{n \times n}$，稱為

特徵值矩陣。

　　若把所有特徵值和特徵向量都分別組合成特徵值矩陣和特徵向量矩陣，則關係式變為

$$[A][P] = [D][P]$$

　　因特徵值矩陣$[D]$為對角矩陣，矩陣相乘時可以和前後之矩陣調換位置而不影響其結果，故$[A][P] = [P][D]$，若將此式兩邊分別乘以$[P]^{-1}$，**得$[P]^{-1}[A][P] = [P]^{-1}[P][D]$ = $[D]$，為特徵值矩陣。特徵值矩陣$[D]$為對角矩陣，在後續的運用上會簡化運算過程，使問題更容易解決。**

　　從上式中可知，轉換矩陣$[A]$可以用它的特徵向量矩陣$[P]$來進行對角線化，而對角線化所得到的結果恰為$[A]$矩陣的特徵值矩陣$[D]$。

● 例題 **11-10**

試將 $[A] = \begin{bmatrix} 2 & 0 \\ 3 & 1 \end{bmatrix}$ 對角線化。

解 $|A - \lambda I| = 0$，$\begin{vmatrix} 2-\lambda & 0 \\ 3 & 1-\lambda \end{vmatrix} = 0$，$(2-\lambda)(1-\lambda) = 0$

解得特徵值 $\lambda_1 = 2$，$\lambda_2 = 1$

(1) $\lambda_1 = 2$，$\begin{bmatrix} 2-2 & 0 \\ 3 & 1-2 \end{bmatrix}\begin{bmatrix} x_1 \\ x_2 \end{bmatrix} = 0$，$\begin{bmatrix} 0 & 0 \\ 3 & -1 \end{bmatrix}\begin{bmatrix} x_1 \\ x_2 \end{bmatrix} = 0$

展開得 $3x_1 - x_2 = 0$，$x_1 = \dfrac{1}{3}x_2 = c_1$，得 $\begin{bmatrix} x_1 \\ x_2 \end{bmatrix} = c_1\begin{bmatrix} 1 \\ 3 \end{bmatrix}$

(2) $\lambda_2 = 1$，$\begin{bmatrix} 2-1 & 0 \\ 3 & 1-1 \end{bmatrix}\begin{bmatrix} x_1 \\ x_2 \end{bmatrix} = 0$，$\begin{bmatrix} 1 & 0 \\ 3 & 0 \end{bmatrix}\begin{bmatrix} x_1 \\ x_2 \end{bmatrix} = 0$

展開得 $x_1 = 0$，$x_2 = c_2$，得 $\begin{bmatrix} x_1 \\ x_2 \end{bmatrix} = c_2\begin{bmatrix} 0 \\ 1 \end{bmatrix}$

(3) 合併得 $[P] = \begin{bmatrix} 1 & 0 \\ 3 & 1 \end{bmatrix}$，$[P]^{-1} = \dfrac{1}{|P|}\begin{vmatrix} 1 & -3 \\ 0 & 1 \end{vmatrix}^T = \begin{vmatrix} 1 & 0 \\ -3 & 1 \end{vmatrix}$

$[P]^{-1}[A][P] = \begin{bmatrix} 1 & 0 \\ -3 & 1 \end{bmatrix}\begin{bmatrix} 2 & 0 \\ 3 & 1 \end{bmatrix}\begin{bmatrix} 1 & 0 \\ 3 & 1 \end{bmatrix} = \begin{bmatrix} 2 & 0 \\ -3 & 1 \end{bmatrix}\begin{bmatrix} 1 & 0 \\ 3 & 1 \end{bmatrix}$

$= \begin{bmatrix} 2 & 0 \\ 0 & 1 \end{bmatrix} = \begin{bmatrix} \lambda_1 & 0 \\ 0 & \lambda_2 \end{bmatrix}$

● 例題 **11-11**

試將 $[A] = \begin{bmatrix} 1 & 3 \\ 4 & 2 \end{bmatrix}$ 對角線化。

解 $|A - \lambda I| = 0$，$\begin{vmatrix} 1-\lambda & 3 \\ 4 & 2-\lambda \end{vmatrix} = 0$，展開得

$\lambda^2 - 3\lambda - 10 = 0$

$\lambda = \dfrac{3 \pm \sqrt{(-3)^2 - (-40)}}{2} = \dfrac{3 \pm 7}{2}$

$\lambda_1 = 5$，$\lambda_2 = -2$（特徵值）

(1) $\lambda_1 = 5$ ， $\begin{bmatrix} 1-5 & 3 \\ 4 & 2-5 \end{bmatrix} \begin{bmatrix} x_1 \\ x_2 \end{bmatrix}_1 = 0$ ， $\begin{bmatrix} -4 & 3 \\ 4 & -3 \end{bmatrix} \begin{bmatrix} x_1 \\ x_2 \end{bmatrix}_1 = 0$

$-4x_1 + 3x_2 = 0$ ，則 $x_1 = \dfrac{3}{4} x_2$ ，得 $\begin{bmatrix} x_1 \\ x_2 \end{bmatrix} = c_1 \begin{bmatrix} \dfrac{3}{4} \\ 1 \end{bmatrix}$

(2) $\lambda_2 = -2$ ， $\begin{bmatrix} 1-(-2) & 3 \\ 4 & 2-(-2) \end{bmatrix} \begin{bmatrix} x_1 \\ x_2 \end{bmatrix}_2 = 0$ ， $\begin{bmatrix} 3 & 3 \\ 4 & 4 \end{bmatrix} \begin{bmatrix} x_1 \\ x_2 \end{bmatrix}_2 = 0$

$x_1 = -x_2$ ，得 $\begin{bmatrix} x_1 \\ x_2 \end{bmatrix} = c_2 \begin{bmatrix} -1 \\ 1 \end{bmatrix}$

合併得 $[P] = \begin{bmatrix} \dfrac{3}{4} & -1 \\ 1 & 1 \end{bmatrix}$ ， $[P]^{-1} = \dfrac{1}{|P|} \begin{bmatrix} 1 & -1 \\ 1 & \dfrac{3}{4} \end{bmatrix}^T = \dfrac{4}{7} \begin{bmatrix} 1 & 1 \\ -1 & \dfrac{3}{4} \end{bmatrix} = \begin{bmatrix} \dfrac{4}{7} & \dfrac{4}{7} \\ -\dfrac{4}{7} & \dfrac{3}{7} \end{bmatrix}$

$[P]^{-1}[A][P] = \begin{bmatrix} \dfrac{4}{7} & \dfrac{4}{7} \\ -\dfrac{4}{7} & \dfrac{3}{7} \end{bmatrix} \begin{bmatrix} 1 & 3 \\ 4 & 2 \end{bmatrix} \begin{bmatrix} \dfrac{3}{4} & -1 \\ 1 & 1 \end{bmatrix} = \begin{bmatrix} \dfrac{20}{7} & \dfrac{20}{7} \\ \dfrac{8}{7} & \dfrac{-6}{7} \end{bmatrix} \begin{bmatrix} \dfrac{3}{4} & -1 \\ 1 & 1 \end{bmatrix} = \begin{bmatrix} 5 & 0 \\ 0 & -2 \end{bmatrix}$

則對角線化後得 $[D] = \begin{bmatrix} 5 & 0 \\ 0 & -2 \end{bmatrix} = \begin{bmatrix} \lambda_1 & 0 \\ 0 & \lambda_2 \end{bmatrix}$

● 例題 11-12

試將【例題 11-9】之矩陣 $[A]$ 對角線化。

解 由已求到之結果得

$$[P] = \begin{bmatrix} 1 & 0 & 0 \\ 0 & 1 & 1 \\ -\dfrac{1}{2} & \dfrac{1}{2} & 0 \end{bmatrix}$$

$$[P]^{-1} = \dfrac{1}{|P|} \begin{bmatrix} -\dfrac{1}{2} & -\dfrac{1}{2} & \dfrac{1}{2} \\ 0 & 0 & -\dfrac{1}{2} \\ 0 & -1 & 1 \end{bmatrix}^T = \dfrac{1}{-\dfrac{1}{2}} \begin{bmatrix} -\dfrac{1}{2} & 0 & 0 \\ -\dfrac{1}{2} & 0 & -1 \\ \dfrac{1}{2} & -\dfrac{1}{2} & 1 \end{bmatrix} = \begin{bmatrix} 1 & 0 & 0 \\ 1 & 0 & 2 \\ -1 & 1 & -2 \end{bmatrix}$$

$$[D]=[P]^{-1}[A][P]=\begin{bmatrix} 1 & 0 & 0 \\ 1 & 0 & 2 \\ -1 & 1 & -2 \end{bmatrix}\begin{bmatrix} 2 & 0 & 0 \\ 1 & 1 & 2 \\ 0 & 0 & 2 \end{bmatrix}\begin{bmatrix} 1 & 0 & 0 \\ 0 & 1 & 1 \\ -\dfrac{1}{2} & \dfrac{1}{2} & 0 \end{bmatrix}$$

$$=\begin{bmatrix} 2 & 0 & 0 \\ 2 & 0 & 4 \\ -1 & 1 & -2 \end{bmatrix}\begin{bmatrix} 1 & 0 & 0 \\ 0 & 1 & 1 \\ -\dfrac{1}{2} & \dfrac{1}{2} & 0 \end{bmatrix}=\begin{bmatrix} 2 & 0 & 0 \\ 0 & 2 & 0 \\ 0 & 0 & 1 \end{bmatrix}$$

對角線化後得 $[D]=\begin{bmatrix} 2 & 0 & 0 \\ 0 & 2 & 0 \\ 0 & 0 & 1 \end{bmatrix}=\begin{bmatrix} \lambda_1 & 0 & 0 \\ 0 & \lambda_2 & 0 \\ 0 & 0 & \lambda_3 \end{bmatrix}$

● 例題 11-13

試將矩陣 $[A]=\begin{bmatrix} 2 & 0 & 0 \\ 2 & 1 & 1 \\ 0 & 0 & 3 \end{bmatrix}$ 對角線化。

解 由已求到之結果得

$$[P]=\begin{bmatrix} \dfrac{1}{2} & 0 & 0 \\ 1 & 1 & \dfrac{1}{2} \\ 0 & 0 & 1 \end{bmatrix},\ [P]^{-1}=\frac{1}{|P|}\begin{bmatrix} 1 & -1 & 0 \\ 0 & \dfrac{1}{2} & 0 \\ 0 & \dfrac{-1}{4} & \dfrac{1}{2} \end{bmatrix}^{T}=\begin{bmatrix} 2 & 0 & 0 \\ -2 & 1 & -\dfrac{1}{2} \\ 0 & 0 & 1 \end{bmatrix}$$

$$[P]^{-1}[A][P]=\begin{bmatrix} 2 & 0 & 0 \\ -2 & 1 & -\dfrac{1}{2} \\ 0 & 0 & 1 \end{bmatrix}\begin{bmatrix} 2 & 0 & 0 \\ 2 & 1 & 1 \\ 0 & 0 & 3 \end{bmatrix}\begin{bmatrix} \dfrac{1}{2} & 0 & 0 \\ 1 & 1 & \dfrac{1}{2} \\ 0 & 0 & 1 \end{bmatrix}$$

$$=\begin{bmatrix} 4 & 0 & 0 \\ -2 & 1 & -\dfrac{1}{2} \\ 0 & 0 & 3 \end{bmatrix}\begin{bmatrix} \dfrac{1}{2} & 0 & 0 \\ 1 & 1 & \dfrac{1}{2} \\ 0 & 0 & 1 \end{bmatrix}=\begin{bmatrix} 2 & 0 & 0 \\ 0 & 1 & 0 \\ 0 & 0 & 3 \end{bmatrix}$$

對角線化後得 $[D]=\begin{bmatrix} 2 & 0 & 0 \\ 0 & 1 & 0 \\ 0 & 0 & 3 \end{bmatrix}=\begin{bmatrix} \lambda_1 & 0 & 0 \\ 0 & \lambda_2 & 0 \\ 0 & 0 & \lambda_3 \end{bmatrix}$

　　由上面三個例題所得到的特徵值矩陣[D]中可以運算得知，它的行列式值與原矩陣[A]的行列值相等，亦即 det[A] = det[D]，依定義，若兩矩陣的行列式值相等，則這兩個矩陣就相似，也就是說，[A]矩陣經[P]⁻¹[A][P] = [D]對角線化處理後，得到的是一個與自己相似的對角矩陣[D]。

　　我們已經知道了如何將一個矩陣對角線化，但並非所有矩陣都可以對角線化，如矩陣 $\begin{bmatrix} 0 & 1 \\ -1 & 0 \end{bmatrix}$ 就無法對角線化。一般來說，$n \times n$ 階方陣只要有 n 個實數特徵值，則該矩陣一定可以對角線化，縱使其中有重根存在，但也並非若沒有 n 個特徵值就無法對角線化，需要算過才可以確認。

● 例題 **11-14**

試將矩陣 $\begin{bmatrix} 2 & -1 \\ 1 & 1 \end{bmatrix}$ 對角線化。

解　依定義

$$\det[A - \lambda I] = 0 \text{，} \begin{vmatrix} 2-\lambda & -1 \\ 1 & 1-\lambda \end{vmatrix} = 0$$

$$(2 - \lambda)(1 - \lambda) + 1 = 0$$

$$\lambda^2 - 3\lambda + 3 = 0 \quad \text{特徵方程式}$$

$$\lambda_{1,2} = \frac{3 \pm \sqrt{(-3)^2 - 4 \times 3}}{2} = \frac{3 \pm \sqrt{3}i}{2}$$

因 λ 為定義在 R^n 中之任意實數，

故特徵值 λ_1，λ_2 均不存在，且特徵向量亦不存在，

故矩陣無法對角線化。

練習題

1. 試將下列矩陣對角線化

(1) $[A] = \begin{bmatrix} 2 & 3 \\ 0 & -1 \end{bmatrix}$

(2) $[A] = \begin{bmatrix} 1 & 3 \\ 3 & 1 \end{bmatrix}$

(3) $[A] = \begin{bmatrix} 4 & 2 \\ 3 & 5 \end{bmatrix}$

(4) $[A] = \begin{bmatrix} 0 & 1 \\ 1 & 3 \end{bmatrix}$

(5) $[A] = \begin{bmatrix} 4 & -1 \\ -3 & 2 \end{bmatrix}$

2. 試將下列矩陣對角線化

(1) $[A] = \begin{bmatrix} 1 & 0 & -1 \\ 0 & 3 & 3 \\ 1 & 1 & 2 \end{bmatrix}$

(2) $[A] = \begin{bmatrix} 3 & 0 & 0 \\ 0 & 1 & 0 \\ 2 & 3 & 1 \end{bmatrix}$

(3) $[A] = \begin{bmatrix} 0 & 1 & 0 \\ 0 & 1 & 1 \\ 2 & 0 & 0 \end{bmatrix}$

(4) $[A] = \begin{bmatrix} 1 & 0 & -1 \\ 1 & 2 & 1 \\ 2 & 2 & 3 \end{bmatrix}$

(5) $[A] = \begin{bmatrix} 1 & 0 & 0 & 0 \\ 0 & 2 & 0 & 0 \\ 0 & 0 & 3 & 0 \\ 0 & 0 & 0 & 4 \end{bmatrix}$

課後作業

1. 平面上以原點為中心的正方形，邊長為 2，若經轉換矩陣 $[A] = \begin{bmatrix} 2 & 1 \\ 1 & 2 \end{bmatrix}$ 轉換後，求其圖形及相對於正方形各頂點之特徵值。

2. 平面上以 $(3, 3)$ 為中心的正方形，邊長為 2，若經轉換矩陣 $[A] = \begin{bmatrix} 2 & -1 \\ 1 & 1 \end{bmatrix}$ 轉換後，求其圖形及相對於正方形各頂點之特徵值。

3. 試求轉換矩陣 $[A] = \begin{bmatrix} 2 & 0 & 0 \\ 2 & 1 & 1 \\ 0 & 0 & 3 \end{bmatrix}$ 之特徵值與特徵向量。

4. 試求 $[A] = \begin{bmatrix} 1 & 2 & 0 & 0 \\ 2 & 1 & 0 & 0 \\ 0 & 0 & 1 & 2 \\ 0 & 0 & 2 & 1 \end{bmatrix}$ 之特徵方程式、特徵值及特徵向量。

5. 試將矩陣 $\begin{bmatrix} 0 & 0 & -2 \\ 0 & -2 & 0 \\ -2 & 0 & 3 \end{bmatrix}$ 對角線化。

12

拉普拉斯轉換(一)

本章大綱

一、拉普拉斯轉換的定義與方法
二、拉普拉斯反轉換
三、拉普拉斯轉換的性質
四、拉普拉斯轉換之微分與積分

學習重點

本章定義拉普拉斯轉換以及拉普拉斯反轉換之運算方法，並學習如何以查表法快速得到函數之拉普拉斯轉換及其反轉換。除此外，亦針對微分和積分之拉普拉斯轉換，以及拉普拉斯轉換之微分與積分進行探討，使學習者能有效使用拉普拉斯轉換以及反轉換解決數學上之問題。

在常用的函數中，以時間 t 為變數是最為普遍也最易懂的，但時間函數在某些運算過程譬如解微分方程式時極為複雜，因此，法國數學家拉普拉斯找到了一種轉換方法，**將函數的變數由時間 t 定義域轉變為一個複數 s 的定義域，等到在 s 變數下完成運算後再轉換回 t 定義域，使問題更容易求得解答，這種數學運算方法被稱為拉普拉斯轉換（Laplace Transform）。**

一　拉普拉斯轉換的定義與方法

假設 $f(t)$ 為定義於 $[0, \infty]$ 區間的函數，則可以定義一個以複數參數 s 為自變數的函數 $F(s)$，使得

$$F(s) = \int_0^\infty e^{-st} f(t)\, dt$$

其中 $s = \alpha + i\omega$ 為複數，$F(s)$ 稱為 $f(t)$ 的拉普拉斯轉換，記為 $\mathscr{L}\{f(t)\} = F(s)$，$f(t)$ 則稱為 $F(s)$ 的反拉普拉斯轉換，記為

$$\mathscr{L}^{-1}\{F(s)\} = f(t)$$

由於拉普拉斯轉換是一種積分運算，而積分運算本身具有線性運算的性質，因此拉普拉斯轉換也就具有線性變換的性質了。亦即

$\int (af(t) + bg(t))\, dt = a \int f(t)\, dt + b \int g(t)\, dt$，因此

$\int e^{-st}(af(t) + bg(t))\, dt = a \int e^{-st} f(t)\, dt + b \int e^{-st} g(t)\, dt = aF(s) + bG(s)$，故

$\mathscr{L}[a\, f(t) + b\, g(t)] = a\, F(s) + bG(s)$（**線性定理**）

反拉普拉斯轉換則為

$\mathscr{L}^{-1}\{aF(s) + bG(s)\} = a\mathscr{L}^{-1}F(s) + b\mathscr{L}^{-1}G(s)$（**線性定理**）

● 例題 **12-1**

試求 $f(t) = 1$ 的拉普拉斯轉換。

解 $F(s) = \int_0^\infty e^{-st} f(t)\, dt = \int_0^\infty e^{-st}\, dt = -\frac{1}{s} e^{-st} \Big|_0^\infty = -\frac{1}{s}(0-1) = \frac{1}{s}$ ， $s > 0$

● 例題 **12-2**

試求 $f(t) = e^{at}$ 的拉普拉斯轉換。

解 $F(s) = \int_0^\infty e^{-st} f(t)\, dt = \int_0^\infty e^{-st} e^{at}\, dt = \int_0^\infty e^{(a-s)t}\, dt$

$= \int_0^\infty e^{-(s-a)t}\, dt = \frac{1}{s-a}$ ， $s > a$

● 例題 **12-3**

試求 $f(t) = k$ 之拉普拉斯轉換？

解 $F(s) = \int_0^\infty e^{-st} f(t)\, dt = \int_0^\infty e^{-st} \cdot k\, dt = k \int_0^\infty e^{-st}\, dt = \frac{k}{s}$

● 例題 **12-4**

試求 $f(t) = t$ 之拉普拉斯轉換？

解 $F(s) = \int_0^\infty e^{-st} f(t)\, dt = \int_0^\infty e^{-st} \cdot t\, dt$

由於 $\dfrac{d}{dt}(te^{-st}) = e^{-st} + (-ste^{-st}) = e^{-st} - ste^{-st}$

故 $d(te^{-st}) = e^{-st}\, dt - ste^{-st}\, dt$ ， $te^{-st}\, dt = \dfrac{1}{s} e^{-st}\, dt - \dfrac{1}{s} d(te^{-st})$

兩邊積分得

$\int_0^\infty te^{-st}\, dt = \dfrac{1}{s} \int_0^\infty e^{-st}\, dt - \dfrac{1}{s} \int_0^\infty d(te^{-st})$

$= \dfrac{1}{s}[-\dfrac{1}{s} e^{-st}]_0^\infty - \dfrac{1}{s}[te^{-st}]_0^\infty$

$= \dfrac{1}{s}[-\dfrac{1}{s}(0-1)] - \dfrac{1}{s}[0-0] = \dfrac{1}{s^2}$

　　拉普拉斯轉換是一種很固定的數學積分運算，因此，可以把日常應用較多的函數轉換後列表待查(如表 12-1)，如此便可以節省許多運算時間。

▼表 12-1 常用的拉普拉斯轉換公式

$f(t)$	$F(s)$	$f(t)$	$F(s)$
1	$\dfrac{1}{s}$	$\sin(at)$	$\dfrac{a}{s^2+a^2}$
t	$\dfrac{1}{s^2}$	$\cos(at)$	$\dfrac{s}{s^2+a^2}$
t^2	$\dfrac{2}{s^3}$	$\sinh(at)$	$\dfrac{a}{s^2-a^2}$
t^n	$\dfrac{n!}{s^{n+1}}$，n 為正整數	$\cosh(at)$	$\dfrac{s}{s^2-a^2}$
e^{at}	$\dfrac{1}{s-a}$	$u(t-a)$	$\dfrac{e^{-as}}{s}$

1. 成立的條件為 $F(s)>0$，亦即 $s>0$ 或 $s>|a|$
2. 依定義 $\sinh(at)=\dfrac{e^{at}-e^{-at}}{2}$，$\cosh(at)=\dfrac{e^{at}+e^{-at}}{2}$ 為雙曲線函數。

● 例題 **12-5**

求 $f(t)=(t+2)^2$ 之拉普拉斯轉換。

解　$\mathscr{L}[f(t)]=\mathscr{L}[(t+2)^2]=\mathscr{L}[t^2+4t+4]=\mathscr{L}[t^2]+\mathscr{L}[4t]+\mathscr{L}[4]$
　　　$=\dfrac{2}{s^3}+\dfrac{4}{s^2}+\dfrac{4}{s}$

● 例題 **12-6**

求 $f(t)=\sin t\,\cos t$ 之拉普拉斯轉換。

解　$\mathscr{L}[f(t)]=\mathscr{L}[(\sin t\,\cos t)]=\mathscr{L}\left[\dfrac{1}{2}\sin 2t\right]$
　　　$=\dfrac{1}{2}\left[\dfrac{2}{s^2+4}\right]=\dfrac{1}{s^2+4}$

● 例題 **12-7**

求 $f(t) = (2e^{3t} - 1)$之拉普拉斯轉換。

解 $\mathscr{L}[f(t)] = \mathscr{L}[2e^{3t} - 1] = 2\mathscr{L}[e^{3t}] - \mathscr{L}[1]$

$= 2\left[\dfrac{1}{s-3}\right] - \dfrac{1}{s} = \dfrac{2}{s-3} - \dfrac{1}{s}$

● 例題 **12-8**

求 $f(t) = \sin^2(at)$之拉普拉斯轉換。

解 $\mathscr{L}[f(t)] = \mathscr{L}[\sin^2(at)] = \mathscr{L}\left[\dfrac{1-\cos 2at}{2}\right]$

$= \dfrac{1}{2}\mathscr{L}[1-\cos 2at] = \dfrac{1}{2}\left[\dfrac{1}{s} - \dfrac{s}{s^2+4a^2}\right]$

$= \dfrac{1}{2s} - \dfrac{s}{2s^2+8a^2}$

練習題

1. 求下列函數之拉普拉斯轉換

(1) $f(t) = t^2 - 2t + 1$

(2) $f(t) = e^{3t} - t^2 + 1$

(3) $f(t) = 2\sin^2 2t - \sin 3t$

(4) $f(t) = \sin 3t - \cos^2 2t$

(5) $f(t) = e^{2t}(\sin^2 t - 2t)$

(6) $f(t) = 2\sinh^2(3t)$

(7) $f(t) = \sinh^2(2t) - \cosh^2(2t)$

(8) $f(t) = e^{2t}(\sinh^2(3t) - 1)$

二 拉普拉斯反轉換

當函數經由上述之特定步驟將函數由 t 領域轉換到 s 領域,即完成了拉普拉斯轉換,此時,可以利用代數方法來簡化運算,完成了代數運算以後,再將結果由 s 領域轉回到 t 領域,才是問題的真正解,此即稱為拉普拉斯反轉換。

若函數 $f(t)$ 的拉普拉斯轉換為 $F(s)$,亦即

$$\mathscr{L}[f(t)] = F(s)$$

則 $F(s)$ 的拉普拉斯反轉換即為 $f(t)$,即 $\mathscr{L}^{-1}[F(s)] = f(t)$,由於數學定義繁雜,一般都不用實際運算方式去進行拉普拉斯反轉換,而是以查表法來求得,可以節省許多運算時間。常用函數之拉普拉斯反變換如表 12.2 所示。

▼表 12-2　常用函數之拉普拉斯反轉換

$F(s)$	$f(t)$	$F(s)$	$f(t)$
$\dfrac{1}{s}$	1	$\dfrac{a}{s^2+a^2}$	$\sin(at)$
$\dfrac{1}{s^2}$	t	$\dfrac{s}{s^2+a^2}$	$\cos(at)$
$\dfrac{2}{s^3}$	t^2	$\dfrac{a}{s^2-a^2}$	$\sinh(at)$
$\dfrac{n!}{s^{n+1}}$	t^n	$\dfrac{s}{s^2-a^2}$	$\cosh(at)$
$\dfrac{1}{s-a}$	e^{at}	$\dfrac{e^{-as}}{s}$	$u(t-a)$
$\dfrac{\Gamma(a+1)}{s^{a+1}}$	$t^a, a > -1$		

● 例題 **12-9**

試求 $F(s) = \dfrac{6}{s^4}$ 之拉普拉斯反轉換？

解　$F(s) = \dfrac{6}{s^4} = \dfrac{3!}{s^{3+1}}$ ，令 $n = 3$ ，則

$$\mathscr{L}^{-1}[F(s)] = \mathscr{L}^{-1}[\dfrac{3!}{s^{3+1}}] = t^3$$

● 例題 **12-10**

試求 $F(s) = \dfrac{1+3s}{s^2+9}$ 之拉普拉斯反轉換。

解　$F(s) = \dfrac{1+2s}{s^2+9} = \dfrac{1}{s^2+3^2} + \dfrac{2s}{s^2+3^2} = \dfrac{1}{3}\dfrac{3}{s^2+3^2} + 2\dfrac{s}{s^2+3^2}$

則 $\mathscr{L}^{-1}[F(s)] = \mathscr{L}^{-1}\left[\dfrac{1}{3}\dfrac{3}{s^2+3^2} + 2\dfrac{s}{s^2+3^2}\right] = \dfrac{1}{3}\sin(3t) + 2\cos(3t)$

● 例題 **12-11**

求 $F(s) = \dfrac{3}{s} + \dfrac{2}{s^4}$ 之拉普拉斯反轉換。

解　$F(s) = \dfrac{3}{s} + \dfrac{2}{s^4} = 3\dfrac{1}{s} + \dfrac{1}{3}\dfrac{3!}{s^{3+1}}$

則 $\mathscr{L}^{-1}[F(s)] = \mathscr{L}^{-1}\left[3\dfrac{1}{s} + \dfrac{1}{3}\dfrac{3!}{s^{3+1}}\right]$

$$= 3 \cdot 1 + \dfrac{1}{3}t^3 = \dfrac{1}{3}t^3 + 3$$

練習題

1. 試求下列各函數之拉普拉斯反轉換

(1) $F(s) = \dfrac{1}{s-2} + \dfrac{2}{s+3}$

(2) $F(s) = \dfrac{2s}{s^2+4} - \dfrac{2}{s^2-9}$

(3) $F(s) = \dfrac{1}{s^3} - \dfrac{2}{s^6}$

(4) $F(s) = \dfrac{3s}{s^2+7} + \dfrac{6}{s^2+9}$

(5) $F(s) = \dfrac{3}{s^2+5s+4}$

(6) $F(s) = \dfrac{e^{-3s}}{s}$

三　拉普拉斯轉換的性質

對於一些平日常見的單純函數,不管是利用基本定義或利用查表法都很容易求得它的拉普拉斯轉換或反轉換,在運算過程中,拉普拉斯轉換有一些基本性質需要了解,可以使轉換更為容易而有效,分述如下:

A. 微分或導數之拉普拉斯轉換

若 $\mathscr{L}[f(t)] = F(s)$,則函數微分之拉普拉斯轉換性質如下:

1. **一階微分**:$\mathscr{L}[f'(t)] = sF(s) - f(0)$

$$\Rightarrow \int_0^\infty f'(t)e^{-st}\,dt = e^{-st}f(t)\Big|_0^\infty + s\int_0^\infty e^{-st}f(t)\,dt$$

當 $\lim_{t \to \infty} e^{-st}f(t) = 0$ **成立,則上式成**

$$\Rightarrow \mathscr{L}\{f'(t)\} = -f(0) + s\int_0^\infty e^{-st}f(t)\,dt = sF(s) - f(0) \text{ 得證}。$$

2. **二階微分:**

$$\mathscr{L}[f''(t)] = \mathscr{L}[[f'(t)]'] = s\mathscr{L}[f'(t)] - f'(0)$$
$$= s[sF(s) - f(0)] - f'(0)$$
$$= s2F(s) - sf(0) - f'(0)$$

3. **n 階微分:**

$$\mathscr{L}[f^n(t)] = s^n F(s) - s^{n-1}f(0) - s^{n-2}f'(0) \cdots - sf^{(n-2)}(0) - f^{(n-1)}(0)$$

● 例題 12-12

若 $f(t) = \sin 2t$,求 $f''(t)$ 之拉普拉斯轉換。

解 $f(t) = \sin 2t$,$f'(t) = 2\cos 2t$,$f''(t) = -4\sin 2t$

$f(0) = 0$,$f'(0) = 2$ 代入公式

$$\mathscr{L}[f''(t)] = s^2 F(s) - sf(0) - f'(0)$$
$$= s^2\left(\frac{2}{s^2 + 2^2}\right) - s\cdot(0) - 2 = \frac{2s^2}{s^2 + 4} - 2$$
$$= \frac{2s^2 - 2(s^2 + 4)}{s^2 + 4} = \frac{-8}{s^2 + 4}$$

※註:此題亦可直接查表。

● 例題 **12-13**

若 $f(t) = t^3 - 2t^2 + 1$，求 $f'''(t)$ 之拉普拉斯轉換。

解 $f(t) = t^3 - 2t + 1$，$f'(t) = 3t^2 - 4t$，$f''(t) = 6t - 4$

$f'''(t) = 6$，$f(0) = 1$，$f'(0) = 0$，$f''(0) = -4$

代入公式得

$$\mathcal{L}[f'''(t)] = s^3 F(s) - s^2 f(0) - s f'(0) - f''(0)$$

$$= s^3 \left[\frac{6}{s^4} - 2\frac{2}{s^3} + \frac{1}{s} \right] - s^2 \cdot (1) - s(0) - (-4)$$

$$= \frac{6}{s} - 4 + s^2 - s^2 + 4 = \frac{6}{s}$$

B. 積分之拉普拉斯轉換

若 $\mathcal{L}[f(t)] = F(s)$，則函數積分之拉普拉斯轉換性質如下：

1. $\mathcal{L}\left[\int_0^t f(\tau)\, d\tau \right] = \dfrac{F(s)}{s}$

2. $\mathcal{L}\left[\int_a^t f(\tau)\, d\tau \right] = \dfrac{F(s)}{s} - \dfrac{1}{s} \int_0^a f(\tau)\, d\tau$

3. n 重積分之拉普拉斯轉換則為

$$\mathcal{L}\left[\int_0^t \int_0^t \cdots \int_0^t f(\tau)\, d\tau\, d\alpha\, d\beta \cdots \right] = \frac{F(s)}{s^n}$$

● 例題 **12-14**

求 $\int_0^t \tau^2\, d\tau$ 之拉普拉斯轉換。

解 $\mathcal{L}[\tau^2] = \dfrac{2}{s^3} = F(s)$

$$\mathcal{L}\left[\int_0^t \tau^2\, d\tau \right] = \frac{F(s)}{s} = \frac{\frac{2}{s^3}}{s} = \frac{2}{s^4}$$

● 例題 **12-15**

求 $\int_0^t \sin\tau \, d\tau$ 之拉普拉斯轉換。

解　$\mathscr{L}[\sin\tau] = \dfrac{1}{s^2+1}$

$$\mathscr{L}\left[\int_0^t \sin\tau \, d\tau\right] = \frac{F(s)}{s} = \frac{1}{s}\frac{1}{s^2+1} = \frac{1}{s(s^2+1)}$$

● 例題 **12-16**

求 $\int_0^\tau \int_0^t \sin\alpha \, d\alpha \, dt$ 之拉普拉斯轉換。

解　$\mathscr{L}\left[\int_0^\tau \int_0^t \cos\alpha \, d\alpha \, dt\right] = \dfrac{F(s)}{s^2} = \dfrac{1}{s^2}\dfrac{s}{s^2+1} = \dfrac{1}{s(s^2+1)}$

練習題

1. 試求下列各函數微分之拉普拉斯轉換

   (1) $f(t) = t\sin(\omega t)$，求 $\mathscr{L}[f'(t)]$，$\mathscr{L}[f''(t)]$

   (2) $f(t) = t\cos(\omega t)$，求 $\mathscr{L}[f'(t)]$，$\mathscr{L}[f''(t)]$

   (3) $f(t) = t\sinh(\omega t)$，求 $\mathscr{L}[f'(t)]$，$\mathscr{L}[f''(t)]$

   (4) $f(t) = t\cosh(\omega t)$，求 $\mathscr{L}[f'(t)]$，$\mathscr{L}[f''(t)]$

   (5) $f(t) = 3\cos(\omega t) + 2\sin(\omega t)$，求 $\mathscr{L}[f'(t)]$，$\mathscr{L}[f''(t)]$

2. 試求下列各函數積分之拉普拉斯轉換

   (1) $f(t) = \int_0^t \sin(2\tau) \, d\tau$，求 $\mathscr{L}[f(t)]$

   (2) $f(t) = \int_\pi^t \cos(3\tau) \, d\tau$，求 $\mathscr{L}[f(t)]$

   (3) $f(t) = \int_0^t (2\sin 3\tau + 3\cos 2\tau) \, d\tau$，求 $\mathscr{L}[f(t)]$

   (4) $f(t) = \int_0^t \int_0^\tau x e^{2\tau} \, dx \, d\tau$，求 $\mathscr{L}[f(t)]$

   (5) $f(t) = \int_0^t \int_0^x (\tau^2 + \sin(2\tau)) d\tau \, dx$，求 $\mathscr{L}[f(t)]$

C. 自變數尺度改變之拉普拉斯轉換

若 $\mathscr{L}[f(t)] = F(s)$，如果自變數 t 之尺度改變，亦即由 t 變為倍數 at，則

$$\mathscr{L}[f(at)] = \frac{1}{a} F\left[\frac{s}{a}\right]$$

● 例題 **12-17**

求 $f(at) = \sin at$ 之拉普拉斯轉換。

解　若 $f(t) = \sin t$，則

$$\mathscr{L}[f(t)] = \frac{1}{s^2 + 1} = F(s)$$

$$\mathscr{L}[f(at)] = \frac{1}{a} F(\frac{s}{a}) = \frac{1}{a} \frac{1}{(\frac{s}{a})^2 + 1} = \frac{1}{a} \frac{1}{\dfrac{s^2 + a^2}{a^2}}$$

$$= \frac{1}{a} \frac{a^2}{s^2 + a^2} = \frac{a}{s^2 + a^2} \text{ 與表 12-1 中所列相同。}$$

● 例題 **12-18**

求 $f(3t) = \cosh(3t)$ 之拉普拉斯轉換。

解　若 $f(t) = \cosh t$，則

$$\mathscr{L}[f(t)] = \frac{s}{s^2 - 1^2} = F(s)$$

$$\mathscr{L}[f(3t)] = \frac{1}{3} F(\frac{s}{3}) = \frac{1}{3} \frac{\dfrac{s}{3}}{(\frac{s}{3})^2 - 1^2} = \frac{1}{3} \frac{\dfrac{s}{3}}{\dfrac{s^2 - 3^2}{3^2}}$$

$$= \frac{1}{3} \frac{3s}{s^2 - 3^2} = \frac{s}{s^2 - 3^2} = \frac{s}{s^2 - 9}$$

與表 12-1 中所列相同

四　拉普拉斯轉換之微分與積分

若函數 $f(t)$ 之拉普拉斯轉換為 $F(s)$，即 $\mathscr{L}[f(t)] = F(s)$，則 $F(s)$ 之微分有性質如下：

1.　$F'(s) = -\mathscr{L}[tf(t)]$

2.　$F''(s) = \mathscr{L}[t^2 f(t)]$

3.　$\dfrac{d^n F(s)}{ds^n} = F^n(s) = (-1)^n \mathscr{L}[t^n f(t)]$

　　上列各例可改寫為

4.　$\mathscr{L}[tf(t)] = -F'(s)$

5.　$\mathscr{L}[t^2 f(t)] = F''(s)$

6.　$\mathscr{L}[t^n f(t)] = (-1)^n F^n(s)$

● 例題 12-19

利用微分公式求 $g(t) = t^3$ 之拉普拉斯轉換。

解　$g(t) = t^3$

　　$\mathscr{L}[t^3] = \mathscr{L}[tf(t)]$

　　其中 $f(t) = t^2$

　　　　$F(s) = \dfrac{2}{s^3}$ ，$F'(s) = -\dfrac{6}{s^4}$

　　則 $\mathscr{L}[t^3] = -F'(s) = \dfrac{6}{s^4}$

● 例題 **12-20**

試求 $g(t) = t\cos(3t)$ 之拉普拉斯轉換。

解 $\mathscr{L}[t\cos(3t)] = \mathscr{L}[tf(t)] = -F'(s)$

$F(s) = \mathscr{L}[f(t)] = \mathscr{L}[\cos(3t)] = \dfrac{s}{s^2+9} = s(s^2+9)^{-1}$

$F'(s) = (s^2+9)^{-1} + s(-1)(s^2+9)^{-2}(2s) = (s^2+9)^{-2}[(s^2+9) - s(2s)]$

$\quad = \dfrac{(s^2+9) - 2s^2}{(s^2+9)^2} = \dfrac{9-s^2}{(s^2+9)^2}$

則 $\mathscr{L}[t\cos(3t)] = \dfrac{s^2-9}{(s^2+9)^2}$

若函數 $f(t)$ 之拉普拉斯轉換為 $F(s)$，即 $\mathscr{L}[f(t)] = F(s)$，則 $F(s)$ 有積分性質如下：

$$\int_s^\infty F(u)\,du = \mathscr{L}\left[\frac{1}{t}f(t)\right]$$

或可寫為 $\mathscr{L}\left[\dfrac{1}{t}f(t)\right] = \displaystyle\int_s^\infty F(u)\,du$

※註： $\mathscr{L}\left\{\dfrac{f(t)}{t^n}\right\} = \displaystyle\int_s^\infty \int_s^\infty \cdots \int_s^\infty F(u)(du)^n$

● 例題 **12-21**

試求 $g(t) = \dfrac{2}{t}$ 之拉普拉斯轉換。

解 $\mathscr{L}[g(t)] = \mathscr{L}\left[\dfrac{1}{t}(2)\right] = \mathscr{L}\left[\dfrac{1}{t}f(t)\right]$，$f(t) = 2$，

設 u 為介於 $s \sim \infty$ 之間的任一自變數，則

$F(u) = \mathscr{L}[f(t)] = \mathscr{L}[2] = \dfrac{2}{u}$ 代入積分式得

$\displaystyle\int_s^\infty F(u)\,du = \int_s^\infty \dfrac{2}{u}\,du = 2\ln s$，依積分性質

$\displaystyle\int_s^\infty F(u)\,du = \mathscr{L}\left[\dfrac{1}{t}f(t)\right] = \mathscr{L}\left[\dfrac{2}{t}\right]$，故得 $\mathscr{L}\left[\dfrac{2}{t}\right] = 2\ln s$

● 例題 **12-22**

試求 $g(t) = \dfrac{1-e^{-t}}{t}$ 之拉普拉斯轉換。

解 $\mathscr{L}[g(t)] = \mathscr{L}[\dfrac{1}{t}(1-e^{-t})]$，$f(t) = 1 - e^{-t}$

設 u 為介於 $s \sim \infty$ 間之任一自變數，則

$F(u) = \mathscr{L}[f(t)] = \mathscr{L}[1 - e^{-t}] = \dfrac{1}{u} - \dfrac{1}{u+1}$

代入積分式得

$$\int_s^\infty F(u)\, du = \int_s^\infty (\dfrac{1}{u} - \dfrac{1}{u+1})\, du = [\ln u - \ln(u+1)]_s^\infty$$

$$= \ln \dfrac{u}{u+1} \Big|_s^\infty = -\ln \dfrac{s}{s+1} = \ln \dfrac{s+1}{s}$$

 練習題

1. 試求下列函數之拉普拉斯轉換

(1) $f(t) = t^2 \cos(t)$

(2) $f(t) = t^3 \sin(t) \cos(t)$

(3) $f(t) = t^2 e^{2t}$

(4) $f(t) = te^{3t+2}$

(5) $f(t) = t\sinh(2t)$

(6) $f(t) = t\sin(2t) - t\sinh(2t)$

2. 試求下列函數之拉普拉斯轉換

(1) $f(t) = \dfrac{1}{t}e^{3t}$

(2) $f(t) = \dfrac{1}{t}\sin(t)$

(3) $f(t) = \dfrac{1}{t}(e^{2t} - e^{-2t})$

(4) $f(t) = \dfrac{1}{t}(e^{2t}\sin(t))$

課後作業

1. 試求 $f(t) = \begin{cases} 0 \,,\, 0 < t < a \\ 1 \,,\, t > a \end{cases}$ 單位步階函數之拉普拉斯轉換？

2. 試求 $f(t) = \cos\omega t$ 及 $f(t) = \sin\omega t$ 之拉普拉斯轉換。

3. 求 $F(s) = \dfrac{1-2s}{s^2 - 4}$ 之拉普拉斯反轉換。

4. 試求 $g(t) = t^3 \sin(2t)$ 之拉普拉斯轉換。

5. 試求 $g(t) = \dfrac{e^{-2t}}{t}$ 之拉普拉斯轉換。

13

拉普拉斯轉換(二)

本章大綱

一、軸之移位與圖形平移
二、初值定理與終值定理
三、摺積定理(Convolution Theorem)
四、脈波函數和週期函數之拉普拉斯轉換

學習重點

基本的拉普拉斯轉換與反轉換熟習以後,可做為基礎來處理某些特殊或複雜之問題。包含應用軸之移位、圖形之平移以及函數之初值與終值定理等,使拉普拉斯轉換與反轉換之運算更加明確。除此外,本章也探討兩個函數的摺積以及特殊之脈波與週期函數之轉換與反轉換,使拉普拉斯轉換之應用領域更加廣泛。

　　在上一講中介紹了拉普拉斯轉換的方法以及其基本性質，對於單純或簡單的函數已可快速的將其由 t 定義域轉換到 s 定義域，並於完成必要運算後再轉回 t 定義域。本章將延續前面所提內容，對於較為特殊的情況或函數的拉普拉斯轉換方法加以介紹，使其應用能更加廣泛。

一　軸之移位與圖形平移

A. 第一移位原理

　　函數 $f(t)$ 之拉普拉斯轉換為 $F(s)$，亦即 $\mathscr{L}[f(t)] = F(s)$，若將函數 $f(t)$ 乘以 e^{-at} 或 e^{at}，則其拉普拉斯轉換為將 $F(s)$ 中的 s 以 $s + a$ 或 $s - a$ 取代，亦即

　　　$\mathscr{L}[f(t)] = F(s)$，則

1. $\mathscr{L}[e^{-at} f(t)] = F(s + a)$
2. $\mathscr{L}[e^{at} f(t)] = F(s - a)$

　　以上為在 s 軸上的移位，被稱為第一移位定理。

　　利用幾何概念來描述第一移位原理會比較清楚易懂，下圖中在 s 和 $F(s)$ 的坐標系統中，$F(s - a)$ 的圖形是將 $F(s)$ 的圖形往右移 a 個單位的距離。因此，在幾何學上的意義為，**函數 $f(t)$ 乘以 e^{at} 以後，再進行拉普拉斯轉換，在 s 坐標系統中 $F(s)$ 的圖形會往右平移 a 單位的距離，或說垂直坐標往左移位 a 單位的距離。**

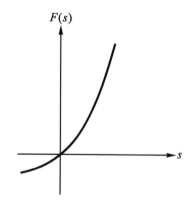
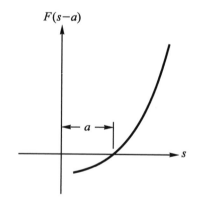

● 例題 13-1

求 $g(t) = e^{-3t}t$ 之拉普拉斯轉換。

解 令 $f(t) = t$ 則

$$G(s) = \mathscr{L}[g(t)] = \mathscr{L}[e^{-3t}\,t] = F(s+3)$$

$$F(s) = \mathscr{L}[f(t)] = \mathscr{L}[t] = \frac{1}{s^2}$$

則 $F(s+3) = \dfrac{1}{(s+3)^2}$，故得

$$G(s) = \frac{1}{(s+3)^2}$$

因 $a = -3$，故 $F(s+3)$ 之圖形為 $F(s)$ 往左移 3 個單位。

● 例題 13-2

求 $g(t) = e^{3t}t^2$ 之拉普拉斯轉換。

解 令 $f(t) = t^2$ 則

$$G(s) = \mathscr{L}[g(t)] = \mathscr{L}[e^{3t}t^2] = \mathscr{L}[e^{3t} f(t)] = F(s-3)$$

$$\mathscr{L}[f(t)] = \mathscr{L}[t^2] = \frac{2}{s^3} = F(s)$$

則 $F(s-3) = \dfrac{2}{(s-3)^3}$，故得

$$G(s) = \frac{2}{(s-3)^3}$$

因 $a = 3$，故 $F(s-3)$ 之圖形為 $F(s)$ 往右移 3 個單位。

● 例題 13-3

求 $\dfrac{1}{(s-3)^4}$ 之拉普拉斯反轉換？

解 $\mathscr{L}^{-1}[\dfrac{1}{(s-3)^4}] = e^{3t}(\dfrac{1}{6}\mathscr{L}^{-1}[\dfrac{3!}{s^3}]) = e^{3t}(\dfrac{1}{6}t^3) = \dfrac{1}{6}t^3 e^{3t}$

● 例題 **13-4**

求 $\dfrac{1}{(s+2)^2+4}$ 之拉普拉斯反轉換。

解 $\mathcal{L}^{-1}[\dfrac{1}{(s+2)^2+4}] = e^{-2t}\mathcal{L}^{-1}[\dfrac{1}{s^2+2^2}] = e^{-2t}(\dfrac{1}{2}\mathcal{L}^{-1}[\dfrac{2}{s^2+2^2}])$

$\qquad\qquad = e^{-2t}(\dfrac{1}{2}\sin 2t) = \dfrac{1}{2}e^{-2t}\sin 2t$

B. 第二移位原理

設 $\mathcal{L}[f(t)] = F(s)$，或 $\mathcal{L}^{-1}[F(s)] = f(t)$，若將 $F(s)$ 乘以 e^{-as}，則

$\mathcal{L}^{-1}[e^{-as}F(s)] = u(t-a)f(t-a)$

$\mathcal{L}[u(t-a)f(t-a)] = e^{-as}F(s)$

其中 $u(t-a) = \begin{cases} 1 & t \ge a \\ 0 & t < a \end{cases}$ 為單位步階函數。此為在 t 軸上的移位，被稱為第二移位原理。

在幾何學的意義上，$u(t-a)f(t)$ 是將 $f(t)$ 的圖形在 a 點位置左方的全部歸零，右邊的全部保留，如圖示。

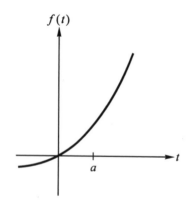
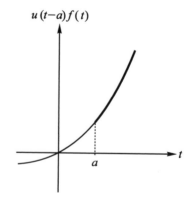

　　而 $u(t-a)\,f(t-a)$ 則是將圖形往右移 a 的單位距離以後，再將新坐標系統中 a 點左方之圖形歸零，a 點右方之圖形保持不變，即

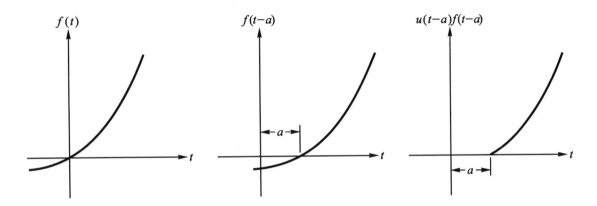

　　故第二移位原理包含了圖形平移與 a 點左方圖形歸零兩個部份。

● 例題 **13-5**

求 $f(t) = \begin{cases} 0 & t < 2 \\ (t-2) & t \geq 2 \end{cases}$ 之拉普拉斯轉換。

解　令 $g(t) = t$，則 $f(t) = u(t-2)g(t-2)$

$\mathscr{L}[f(t)] = \mathscr{L}[u(t-2)g(t-2)] = e^{-2s}\mathscr{L}[g(t)]$

$\quad = e^{-2s}\mathscr{L}[t] = e^{-2s}\dfrac{1}{s^2} = \dfrac{e^{-2s}}{s^2}$

● 例題 **13-6**

求 $f(t) = \begin{cases} 0 & t < 2 \\ \sin(t-2) & t \geq 2 \end{cases}$ 之拉普拉斯轉換。

解　令 $g(t) = \sin(t)$，則 $f(t) = u(t-2)\sin(t-2)$

$\mathscr{L}[f(t)] = \mathscr{L}[u(t-2)\sin(t-2)] = e^{-2s}\mathscr{L}[\sin(t)]$

$\quad = e^{-2s}\dfrac{1}{s^2+1} = \dfrac{e^{-2s}}{s^2+1}$

練習題

1. 試求下列各函數的拉普拉斯轉換

(1) $g(t) = e^{2t} \sin(2t)$

(2) $g(t) = e^{-2t} \sinh(3t)$

(3) $g(t) = e^{3t} (\sinh(3t) + \cosh(3t))$

(4) $g(t) = e^{-t} (t^3 + 3t)$

(5) $g(t) = e^{-3t} (\cos 2t + \sin 3t)$

2. 試求下列各函數的拉普拉斯轉換

(1) $f(t) = \begin{cases} 0 & t < 2 \\ \cos 3(t-2) & t \geq 2 \end{cases}$

(2) $f(t) = \begin{cases} 0 & t < 1 \\ (t-1)^2 & t \geq 1 \end{cases}$

(3) $f(t) = \begin{cases} 0 & t < \pi \\ \sin 2(t-\pi) & t \geq \pi \end{cases}$

(4) $f(t) = \begin{cases} 0 & t < 2 \\ \sin(t-2)\cos(t-2) & t \geq 2 \end{cases}$

(5) $f(t) = \begin{cases} 0 & t < 3 \\ \sinh(t-3) & t \geq 3 \end{cases}$

二 初值定理與終值定理

函數 $f(t)$ 的拉普拉斯轉換式為

$$\mathscr{L}[f(t)] = \int_0^\infty e^{-st} f(t)\, dt = F(s)$$

在將函數由時間 t 的定義域轉換到 s 定義域過程中，積分由 $t = 0$ 到 $t = \infty$，可稱它們為初始點與終點，在這兩點之拉普拉斯轉換具有下列性質。

若 $\mathscr{L}[f(t)] = F(s)$，則

1. $\displaystyle\lim_{t \to 0} f(t) = \lim_{s \to \infty} sF(s)$ （初值定理）

2. $\displaystyle\lim_{t \to \infty} f(t) = \lim_{s \to 0} sF(s)$ （終值定理）

廣義來說

$$\lim_{t \to 0} \frac{f(t)}{g(t)} = \lim_{s \to \infty} \frac{sF(s)}{sG(s)} = \lim_{s \to \infty} \frac{F(s)}{G(s)}$$

⇒初值必成立，但終值未必。

● 例題 **13-7**

若 $\mathscr{L}[f(t)] = \dfrac{2s}{s^2 + 1}$，求 $\displaystyle\lim_{t \to 0} f(t)$ 及 $\displaystyle\lim_{t \to \infty} f(t)$。

解 由初值定理得

$$\lim_{t \to 0} f(t) = \lim_{s \to \infty} sF(s) = \lim_{s \to \infty} s \frac{2s}{s^2 + 1} = \lim_{s \to \infty} \frac{2s^2}{s^2 + 1} = 2$$

由終值定理得

$$\lim_{t \to \infty} f(t) = \lim_{s \to 0} sF(s) = \lim_{s \to 0} \frac{2s^2}{s^2 + 1} = 0$$

● 例題 **13-8**

若 $\mathscr{L}[f(t)] = \dfrac{3}{(s^2+1)^2}$，求 $\lim\limits_{t \to 0} f(t)$ 及 $\lim\limits_{t \to \infty} f(t)$。

解 由初值定理

$$\lim_{t \to 0} f(t) = \lim_{s \to \infty} sF(s) = \lim_{s \to \infty} \frac{3s}{(s^2+1)^2} = 0$$

由終值定理

$$\lim_{t \to \infty} f(t) = \lim_{s \to 0} \frac{3s}{(s^2+1)^2} = 0$$

● 例題 **13-9**

若 $\mathscr{L}[f(t)] = \dfrac{e^{-2s}}{(s-2)^2-4}$，求 $\lim\limits_{t \to 0} f(t)$，$\lim\limits_{t \to \infty} f(t)$。

解 由初值定理

$$\lim_{t \to 0} f(t) = \lim_{s \to \infty} sF(s) = \lim_{s \to \infty} \frac{se^{-2s}}{(s-2)^2-4} = \lim_{s \to \infty} \frac{e^{-2s}}{s-4} = 0$$

$$\lim_{t \to \infty} f(t) = \lim_{s \to 0} sF(s) = \lim_{s \to 0} \frac{e^{-2s}}{s-4} = -\frac{1}{4}$$

三　摺積定理(Convolution Theorem)

　　摺積又稱為捲積或旋積，其定義為某個函數 f 在受到另一個影響函數 g 的作用下產生了另一個新的函數 h，這種運算稱為摺積，例如 $f(t)$ 代表太陽照射在某個地方的熱量，為時間 t 的函數，$g(t-\tau)$ 為經過了 $(t-\tau)$ 時間後仍留在該處未輻射出去的熱量，兩者的摺積產生了新函數 $H(t)$ 可以想像成該處的溫度函數，亦即

$$H(t) = f(t) \otimes g(t) = \int_0^t f(\tau)g(t-\tau)\,dt$$

上式為 $g(t)$ 對 $f(t)$ 的摺積，數學可以證明 $f(t) \otimes g(t) = g(t) \otimes f(t)$。函數摺積的拉普拉斯運算，可以把對時間 t 的微分或積分運算簡化為乘法運算，亦即

$$\mathscr{L}[f(t) \otimes g(t)] = F(s) \cdot G(s) \qquad \text{（摺積定理）}$$

● 例題 **13-10**

求 $t \otimes t$ 以及 $\mathscr{L}[t \otimes t]$。

解 由摺積定理得

$$t \otimes t = \int_0^t (t - \tau)\tau \, d\tau = \int_0^t (t\tau - \tau^2) \, d\tau$$

$$= \left(\frac{1}{2} t\tau^2 - \frac{1}{3}\tau^3 \right) \Big|_0^t = \frac{1}{2} t^3 - \frac{1}{3} t^3 = \frac{1}{6} t^3$$

$$\mathscr{L}[t \otimes t] = \mathscr{L}[t] \cdot \mathscr{L}[t] = \frac{1}{s^2} \cdot \frac{1}{s^2} = \frac{1}{s^4}$$

● 例題 **13-11**

求 $3 \otimes t$ 以及 $\mathscr{L}[3 \otimes t]$。

解 由摺積之定義得

$$3 \otimes t = \int_0^t 3(t - \tau) \, d\tau = \left(3t\tau - \frac{3}{2}\tau^2 \right) \Big|_0^t$$

$$= 3t^2 - \frac{3}{2} t^2 = \frac{3}{2} t^2$$

$$\mathscr{L}[3 \otimes t] = \mathscr{L}\left[\frac{3}{2} t^2 \right] = \frac{3}{2} \left[\frac{2}{s^3} \right] = \frac{3}{s^3} \text{ 或}$$

$$\mathscr{L}[3 \otimes t] = \mathscr{L}[3]\mathscr{L}[t] = \frac{3}{s} \cdot \frac{1}{s^2} = \frac{3}{s^3}$$

● 例題 13-12

求 $e^{2t} \otimes t$ 以及 $\mathcal{L}[e^{2t} \otimes t]$。

解 由摺積之定義得

$$e^{2t} \otimes t = \int_0^t e^{2\tau}(t-\tau)\,d\tau = \left[\frac{1}{2}(t-\tau)e^{2\tau} + \frac{1}{4}e^{2\tau}\right]_0^t$$

$$= \left[\frac{1}{2}(t-t)e^{2t} + \frac{1}{4}e^{2t}\right] - \left[\frac{1}{2}te^0 + \frac{1}{4}e^0\right]$$

$$= (\frac{1}{4}e^{2t}) - (\frac{1}{2}te^0 + \frac{1}{4}e^0) = \frac{1}{4}e^{2t} - \frac{1}{2}t + \frac{1}{4}$$

$$\mathcal{L}[e^{2t} \otimes t] = \mathcal{L}[e^{2t}]\mathcal{L}[t] = (\frac{1}{s-2})(\frac{1}{s^2}) = \frac{1}{s^3 - 2s^2}$$

練習題

1. 若 $\mathcal{L}[f(t)] = F(s)$，試求下列各函數 $f(t)$ 之初值以及終值

(1) $F(s) = \dfrac{s}{s^2 + 4}$

(2) $F(s) = \dfrac{2}{s^2 - 4}$

(3) $F(s) = \dfrac{e^{-3s}}{s}$

(4) $F(s) = \dfrac{2}{s-3}$

(5) $F(s) = \dfrac{1}{s-2} + \dfrac{1}{s+3}$

(6) $F(s) = \dfrac{3}{s} - \dfrac{1}{s^4}$

(7) $F(s) = \dfrac{1}{s(s-1)}$

(8) $F(s) = \dfrac{1}{s^2(s+1)}$

2. 試求下列各函數之摺積及其拉普拉斯轉換

(1) $2 \otimes e^t$

(2) $e^t \otimes e^t$

(3) $2 \otimes \sin(3t)$

(4) $\sin(2t) \otimes \cos(2t)$

(5) $t \otimes \sin(3t)$

(6) $e^t \otimes \cos(2t)$

(7) $t \otimes \cosh(2t)$

(8) $e^t \otimes \sinh(2t)$

四　脈波函數和週期函數之拉普拉斯轉換

脈波函數在許多工程應用中常被提及，尤其是在電子訊號的處理上。**所謂脈波函數 $p(t)$ 其實是由某一函數 $f(t)$ 與單位步階函數組合而成，即**

$$p(t) = f(t)[u(t-a) - u(t-b)]$$

單位步階函數 $u(t-a) - u(t-b)$ 為在 a，b 兩點間有值，其餘地方都為零，如圖所示。

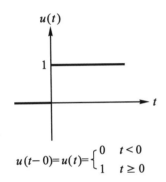

$$u(t-0) = u(t) = \begin{cases} 0 & t < 0 \\ 1 & t \geq 0 \end{cases}$$

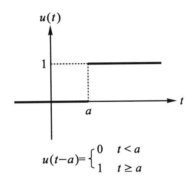

$$u(t-a) = \begin{cases} 0 & t < a \\ 1 & t \geq a \end{cases}$$

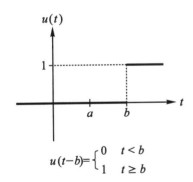

$$u(t-b) = \begin{cases} 0 & t < b \\ 1 & t \geq b \end{cases}$$

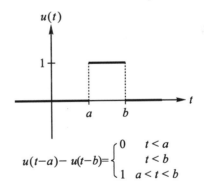

$$u(t-a) - u(t-b) = \begin{cases} 0 & t < a \\ & t < b \\ 1 & a < t < b \end{cases}$$

所以當 $f(t)$ 乘以單位步階函數 $u(t-a) - u(t-b)$ 時，只在 a、b 兩點之間顯現出 $f(t)$，其餘區域都為零。

● 例題 **13-13**

試求脈波函數 $p(t) = u(t - 1) - u(t - 3)$ 之拉普拉斯轉換。

解 $\mathscr{L}[p(t)] = \mathscr{L}[u(t - 1) - u(t - 3)]$

　由表 12-1 中可得

$$\mathscr{L}[p(t)] = \frac{e^{-s}}{s} - \frac{e^{-3s}}{s} = \frac{1}{s}(e^{-s} - e^{-3s})$$

● 例題 **13-14**

試求脈波函數 $p(t) = t[u(t - 1) - u(t - 3)]$ 之拉普拉斯轉換。

解 $\mathscr{L}[p(t)] = \mathscr{L}[t[u(t - 1) - u(t - 3)]]$

$$= \mathscr{L}[tu(t - 1)] - \mathscr{L}[tu(t - 3)]$$

$$= \mathscr{L}[(t - 1)u(t - 1) + u(t - 1)] - \mathscr{L}[(t - 3)u(t - 3) + 3u(t - 3)]$$

依第二移位原理得

$$\mathscr{L}[p(t)] = \left[e^{-s} \cdot \frac{1}{s^2} + \frac{e^{-s}}{s} \right] - \left[e^{-3s} \frac{1}{s^2} + 3\frac{e^{-3s}}{s} \right]$$

$$= \frac{1}{s^2}[e^{-s} - e^{-3s}] + \frac{1}{s}[e^{-s} - 3e^{-3s}]$$

若函數 $f(t)$ **是一個以** T **為最小週期的週期函數，則** $f(t) = f(t - nT)$**，其中** $n = 1$，**2，3…，週期函數之拉普拉斯轉換為**

$$\textbf{當 } n = 1 \Rightarrow \mathscr{L}[f_1(t)] = \frac{\int_0^T e^{-st} f(t)\, dt}{1 - e^{-Ts}} = \frac{F_1(s)}{1 - e^{-Ts}}$$

其中 $F_1(s) = \mathscr{L}[f_1(t)]$，而 $f_1(t) = \int_0^T e^{-st} f(t)\, dt$ 為自 $f(t)$ 中所擷取到的第一個週期的函數。

常見之週期函數如方形波和正弦波等，拉普拉斯轉換如下例。

● 例題 **13-15**

求圖中週期函數之拉普拉斯轉換。

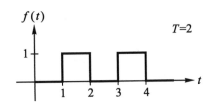

解 第一週期之函數 $f_1(t) = u(t-1) - u(t-2)$

$F_1(s) = \dfrac{e^{-s}}{s} - \dfrac{e^{-2s}}{s}$ ，$T = 2$ ，則

$\mathscr{L}[f(t)] = \dfrac{F_1(s)}{1-e^{-2s}} = \dfrac{1}{1-e^{-2s}}\left[\dfrac{e^{-s}-e^{-2s}}{s}\right] = \dfrac{e^{-s}-e^{-2s}}{s(1-e^{-2s})}$

● 例題 **13-16**

求圖中週期函數之拉普拉斯轉換。

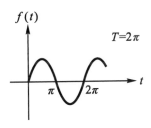

解 第一週期之函數 $f_1(t) = \sin t[u(t) - u(t-2\pi)]$

$f_1(t) = u(t)\sin t - u(t-2\pi)\sin t = u(t)\sin t - u(t-2\pi)\sin(t-2\pi)$

(註：$\sin t = \sin(t-2\pi)$)

$F_1(s) = \mathscr{L}[f_1(t)] = \dfrac{1}{s^2+1} - \dfrac{e^{-2\pi s}}{s^2+1}$ ，$T = 2\pi$ ，則

$\mathscr{L}[f(t)] = \dfrac{\dfrac{1-e^{-2\pi s}}{s^2+1}}{1-e^{-2\pi s}} = \dfrac{1}{(s^2+1)}$

與表 12-1 中 $\sin t$ 相同

● 例題 **13-17**

求圖中週期函數之拉普拉斯轉換？

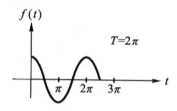

解 第一週期之函數為

$f_1(t) = \cos t[u(t) - u(t - 2\pi)]$

$\qquad = u(t)\cos t - u(t - 2\pi)\cos t$

$\qquad = u(t)\cos t - u(t - 2\pi)\cos(t - 2\pi)$

（註：$\cos t = \cos(t - 2\pi)$）

$F_1(s) = \mathscr{L}[f_1(t)] = \dfrac{s}{s^2 + 1} - \dfrac{se^{-2\pi s}}{s^2 + 1} = \dfrac{s(1 - e^{-2\pi s})}{s^2 + 1}$

$F(s) = \dfrac{\dfrac{s(1 - e^{-2\pi s})}{s^2 + 1}}{1 - e^{-2\pi s}} = \dfrac{s}{s^2 + 1}$

與表 12-1 中之 $\cos t$ 相同

練習題

1. 試求下列各函數之拉普拉斯轉換

(1) $p(t) = t[u(t) - u(t-2)]$

(2) $p(t) = \sin t[u(t-1) - u(t-3)]$

(3) $p(t) = \cos 3t[u(t-1) - u(t-3)]$

(4) $p(t) = e^{-2t}[u(t) - u(t-2)]$

(5) $p(t) = \cosh 2t[u(t-1) - u(t-3)]$

2. 試求下列各函數之拉普拉斯轉換

(1)

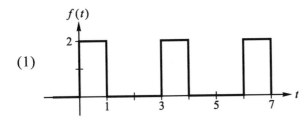

(2)

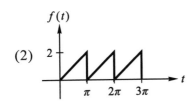

(3)

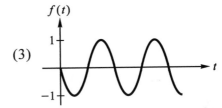

(4)

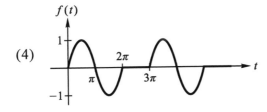

(5)

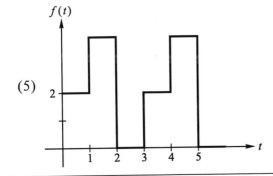

課後作業

1. 求 $g(t) = e^{-2t}\cos(3t)$ 之拉普拉斯轉換。

2. 求 $g(t) = e^{2t}(\sin(t) + \cos(t))$ 之拉普拉斯轉換。

3. 求圖中週期函數之拉普拉斯轉換。

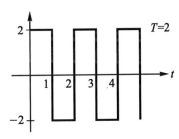

4. 求圖中週期函數之拉普拉斯轉換。

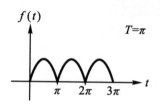

5. 求圖中週期函數之拉普拉斯轉換。

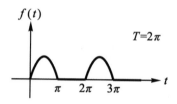

14

拉普拉斯轉換(三)

本章大綱

一、利用部份分數法求反拉普拉斯轉換
二、利用拉普拉斯轉換解微分方程式
三、利用拉普拉斯轉換求積分方程式的解
四、拉普拉斯轉換在工程上的應用

學習重點

拉普拉斯轉換應用在求解微分方程式，微分方程組以及積分方程式上有其便利性，可以較輕易的得到解答。在某些轉換案例中，有時無法利用現有表列的型態加以套用，而必需將其先以本章所介紹之部份分數法分解成表中的基本型態再行套用。另外，本章中特別列舉了數個利用拉普拉斯法求解實際工程問題的例子，使學習者能更了解拉普拉斯轉換的真實內涵。

一　利用部份分數法求反拉普拉斯轉換

在求反拉普拉斯轉換時，有些分數較爲複雜而無法以表 12-2 來求得 $f(t)$，此時可以利用部份分數法將其分解成表 12-2 中所列的基本型態，然後輕易求得。一般來說，$F(s)$皆可表示爲

$$F(s) = \frac{P(s)}{Q(s)}$$

其中 $P(s)$和 $Q(s)$的係數都必須爲實數，且分母 $Q(s)$之次方比分子 $P(s)$之次方爲高，此時可將 $F(s)$分解如下。

$$F(s) = \frac{P(s)}{Q(s)} = \frac{P(s)}{(s-a)^n (s-b)^m \cdots (s^2 + ps + q) \cdots}$$
$$= \frac{A_1}{(s-a)} + \frac{A_2}{(s-a)^2} + \cdots + \frac{B_1}{(s-b)} + \frac{B_2}{(s-b)^2} + \cdots + \cdots + \frac{ls+k}{s^2 + ps + q}$$

上式中可應用簡單的代數法求得各分數之係數，然後再將其分別進行拉普拉斯反轉換。

● 例題 14-1

求 $F(s) = \dfrac{1}{s(s-1)}$ 之拉普拉斯反轉換。

解　$F(s) = \dfrac{1}{s(s-1)} = \dfrac{A}{s} + \dfrac{B}{s-1} = \dfrac{As - A + Bs}{s(s-1)}$

則$(A + B)s - A = 1$ 展開得

$\begin{cases} A + B = 0 \\ -A = 1 \end{cases}$，解得 $A = -1$，$B = 1$，則

$F(s) = \dfrac{-1}{s} + \dfrac{1}{s-1} = \dfrac{1}{s-1} - \dfrac{1}{s}$

$\mathscr{L}^{-1}[F(s)] = e^t - 1$

● 例題 **14-2**

求 $F(s) = \dfrac{3s+1}{s^2+2s-3}$ 之拉普拉斯反轉換。

解 $F(s) = \dfrac{3s+1}{s^2+2s-3} = \dfrac{3s+1}{(s-1)(s+3)} = \dfrac{A}{(s-1)} + \dfrac{B}{(s+3)} = \dfrac{A(s+3)+B(s-1)}{(s-1)(s+3)}$

$\qquad = \dfrac{s(A+B)+(3A-B)}{(s-1)(s+3)}$

則 $\begin{cases} A+B=3 \\ 3A-B=1 \end{cases}$ 解得 $A=1$，$B=2$

則 $F(s) = \dfrac{1}{s-1} + \dfrac{2}{s+3}$

$\mathscr{L}^{-1}[F(s)] = e^t + 2e^{-3t}$

● 例題 **14-3**

求 $F(s) = \dfrac{s^2+s+2}{s(s+1)(s+2)}$ 之拉普拉斯反轉換。

解 $F(s) = \dfrac{s^2+s+2}{s(s+1)(s+2)} = \dfrac{A}{s} + \dfrac{B}{s+1} + \dfrac{C}{s+2}$

則 $A(s+1)(s+2) + B(s)(s+2) + C(s)(s+1)$
$\quad = (A+B+C)s^2 + (3A+2B+C)s + 2A = s^2 + s + 2$

展開得 $\begin{cases} A+B+C=1 \\ 3A+2B+C=1 \\ 2A+0B+0C=2 \end{cases}$ 解得 $A=1$，$B=-2$，$C=2$，

則 $F(s) = \dfrac{1}{s} - \dfrac{2}{s+1} + \dfrac{2}{s+2}$ 得

$\mathscr{L}^{-1}[F(s)] = f(t) = 1 - 2e^{-t} + 2e^{-2t}$

　　以上例題分母均為單一的根，但有些情況下分母可能會出現重根，則可利用第一移位原理將 $F(s)$ 變換成另一種型式，即可求得反拉普拉斯轉換。

● 例題 **14-4**

求 $F(s) = \dfrac{2s-3}{(s-2)^2}$ 之拉普拉斯反轉換。

解 $F(s) = \dfrac{2s-3}{(s-2)^2} = \dfrac{2(s-2)+1}{(s-2)^2} = \dfrac{2}{s-2} + \dfrac{1}{(s-2)^2}$

依第一移位原理

$$\mathscr{L}^{-1}[F(s)] = \mathscr{L}^{-1}\left[\dfrac{2}{s-2} + \dfrac{1}{(s-2)^2}\right] = \mathscr{L}^{-1}\left[\dfrac{2}{s-2}\right] + \mathscr{L}^{-1}\left[\dfrac{1}{(s-2)^2}\right]$$

$$= e^{2t}\mathscr{L}^{-1}\left[\dfrac{2}{s}\right] + e^{2t}\mathscr{L}^{-1}\left[\dfrac{1}{s^2}\right] = 2e^{2t} + te^{2t}$$

● 例題 **14-5**

求 $F(s) = \dfrac{s+1}{s(s-1)^2}$ 之拉普拉斯反轉換。

解 $F(s) = \dfrac{s+1}{s(s-1)^2} = \dfrac{A}{s} + \dfrac{B}{s-1} + \dfrac{C}{(s-1)^2}$

則 $A(s-1)^2 + Bs(s-1) + Cs = s + 1$ 展開得

$\begin{cases} A+B=0 \\ -2A-B+C=1 \\ A=1 \end{cases}$ 解得 $A = 1$，$B = -1$，$C = 2$，

則 $F(s) = \dfrac{1}{s} + \dfrac{-1}{s-1} + \dfrac{2}{(s-1)^2}$

$$\mathscr{L}^{-1}[F(s)] = \mathscr{L}^{-1}\left[\dfrac{1}{s}\right] - \mathscr{L}^{-1}\left[\dfrac{1}{s-1}\right] + 2\mathscr{L}^{-1}\left[\dfrac{1}{(s-1)^2}\right]$$

$$= 1 - e^t L^{-1}\left[\dfrac{1}{s}\right] + 2e^t L^{-1}\left[\dfrac{1}{s^2}\right] = 1 - e^t + 2te^t$$

二　利用拉普拉斯轉換解微分方程式

　　拉普拉斯轉換可以把微分和積分運算轉變為簡單的代數運算,同時也可以輕易的處理方程式中的初值與終值以及含有邊界條件的問題。除此外,拉普拉斯轉換在求解聯立微分方程組時亦有其方便性,經過轉換以後,微分方程組會變成一般線性代數的方程組,可以輕易求得解答,再將其反拉普拉斯轉換即可。

● 例題 14-6

求微分方程式 $y' = 3t - 1$,$y(0) = 1$ 之解。

解 將微分方程式取拉普拉斯轉換得

$$\mathscr{L}[y'] = \mathscr{L}[3t - 1] = \mathscr{L}[3t] - \mathscr{L}[1]$$

$$sY(s) - y(0) = \frac{3}{s^2} - \frac{1}{s}$$

$$sY(s) = \frac{3}{s^2} - \frac{1}{s} + 1 \text{,} \quad Y(s) = \frac{3}{s^3} - \frac{1}{s^2} + \frac{1}{s}$$

$$y(t) = \mathscr{L}^{-1}[Y(s)] = \frac{3}{2}t^2 - t + 1 \text{為其解。}$$

● 例題 14-7

求微分方程式 $y'' = e^t$,$y(0) = 0$,$y'(0) = 3$ 之解。

解 將微分方程式取拉普拉斯轉換得

$$\mathscr{L}[y''] = \mathscr{L}[e^t]$$

$$s^2 Y(s) - sy(0) - y'(0) = \frac{1}{s-1}$$

$$s^2 Y(s) - 0 - 3 = \frac{1}{s-1} \text{,} \quad s^2 Y(s) = \frac{1}{s-1} + 3$$

$$Y(s) = \frac{1}{s^2(s-1)} + \frac{3}{s^2} = \frac{1}{s-1} + \frac{2}{s^2} - \frac{1}{s}$$

$$y(t) = \mathscr{L}^{-1}[Y(s)] = e^t + 2t - 1$$

● 例題 **14-8**

求 $y'' - 2y' + y = 3e^t$，$y(0) = 0$，$y'(0) = 3$ 之解。

解 $\mathscr{L}[y'' - 2y' + y] = \mathscr{L}[3e^t]$

$\mathscr{L}[y''] - 2\mathscr{L}[y'] + \mathscr{L}[y] = 3\mathscr{L}[e^t]$

$\{s^2 Y(s) - sy(0) - y'(0)\} - 2\{sY(s) - y(0)\} + Y(s) = \dfrac{3}{s-1}$

$(s^2 - 2s + 1)Y(s) - 3 = \dfrac{3}{s-1}$

$(s-1)^2 Y(s) = 3 + \dfrac{3}{s-1} = \dfrac{3s}{s-1}$

$Y(s) = \dfrac{3s}{(s-1)^3} = \dfrac{A}{s-1} + \dfrac{B}{(s-1)^2} + \dfrac{C}{(s-1)^3}$

則 $\begin{cases} A = 0 \\ B - 2A = 3 \\ A - B + C = 0 \end{cases}$ 解之得 $A = 0$，$B = 3$，$C = 3$

$Y(s) = \dfrac{3}{(s-1)^2} + \dfrac{3}{(s-1)^3}$，依第一移位原理，

$y(t) = \mathscr{L}^{-1}[Y(s)] = 3e^t \mathscr{L}^{-1}\left[\dfrac{1}{s^2}\right] + 3e^t \mathscr{L}^{-1}\left[\dfrac{1}{s^3}\right]$

$\qquad = 3te^t + \dfrac{3}{2}t^2 e^t$

$\qquad = (3t + \dfrac{3}{2}t^2)e^t$

　　如果要求解聯立微分方程組，可以將各別的方程式取拉普拉斯轉換，然後以代數法解方程組，最後再將所得到的解作反拉普拉斯轉換即可求得最後之解。

● 例題 14-9

解聯立微分方程組 $\begin{cases} 2x'+3x-y=1 \\ x'+2x+y'=0 \end{cases}$ 之解，初始條件為 $x(0)=1$，$y(0)=0$。

解 將聯立方程組取拉普拉斯轉換得

$\begin{cases} 2(sX(s)-1)+3X(s)-Y(s)=\dfrac{1}{s} \\ (sX(s)-1)+2X(s)+sY(s)=0 \end{cases}$ 整理得

$\begin{cases} (2s+3)X(s)-Y(s)=\dfrac{1}{s}+2 \\ (s+2)X(s)+sY(s)=1 \end{cases}$ 解方程組得

$$X(s)=\frac{\begin{vmatrix} \dfrac{1}{s}+2 & -1 \\ 1 & s \end{vmatrix}}{\begin{vmatrix} 2s+3 & -1 \\ s+2 & s \end{vmatrix}}=\frac{1+2s+1}{s(2s+3)+(s+2)}=\frac{2s+2}{2s^2+4s+2}=\frac{s+1}{s^2+2s+1}=\frac{s+1}{(s+1)^2}=\frac{1}{s+1}$$

$$Y(s)=\frac{\begin{vmatrix} 2s+3 & \dfrac{1}{s}+2 \\ s+2 & 1 \end{vmatrix}}{\begin{vmatrix} 2s+3 & -1 \\ s+2 & s \end{vmatrix}}=\frac{2s+3-(1+2s+\dfrac{2}{s}+4)}{2(s^2+2s+1)}$$

$$=\frac{-\dfrac{2}{s}-2}{2(s^2+2s+1)}=\frac{-1-s}{s(s^2+2s+1)}=\frac{-(s+1)}{s(s+1)^2}$$

$$=\frac{-1}{s(s+1)}=\frac{A}{s}+\frac{B}{s+1}$$，解得 $A=-1$，$B=1$，

則 $Y(s)=\dfrac{-1}{s}+\dfrac{1}{s+1}$

得 $x(t)=\mathscr{L}^{-1}[X(s)]=\mathscr{L}^{-1}\left[\dfrac{1}{s+1}\right]=e^{-t}$，

$y(t)=\mathscr{L}^{-1}[Y(s)]=\mathscr{L}^{-1}\left[\dfrac{-1}{s}\right]+\mathscr{L}^{-1}\left[\dfrac{1}{s+1}\right]=-1+e^{-t}$

● 例題 **14-10**

解聯立微分方程組 $\begin{cases} x' - x + y' + y = 1 \\ x' - 2x + 2y' + y = e^{-t} \end{cases}$ ，初始條件為 $x(0) = 0$，$y(0) = 0$。

解　將聯立方程組取拉普拉斯轉換得

$$\begin{cases} (sX(s) - 0) - X(s) + (sY(s) - 0) + Y(s) = \dfrac{1}{s} \\ (sX(s) - 0) - 2X(s) + 2(sY(s) - 0) + Y(s) = \dfrac{1}{s+1} \end{cases}$$　整理得

$$\begin{cases} (s-1)X(s) + (s+1)Y(s) = \dfrac{1}{s} \\ (s-2)X(s) + (2s+1)Y(s) = \dfrac{1}{s+1} \end{cases}$$　解方程組得

$$X(s) = \frac{\begin{vmatrix} \dfrac{1}{s} & s+1 \\ \dfrac{1}{s+1} & 2s+1 \end{vmatrix}}{\begin{vmatrix} s-1 & s+1 \\ s-2 & 2s+1 \end{vmatrix}} = \frac{(2 + \dfrac{1}{s}) - 1}{(s-1)(2s+1) - (s+1)(s-2)} = \frac{s+1}{s(s^2+1)} = \frac{A}{s} + \frac{Bs+C}{s^2+1} ,$$

得 $A = 1$，$B = -1$，$C = 1$，$X(s) = \dfrac{1}{s} + \dfrac{-s+1}{s^2+1}$

$$x(t) = \mathscr{L}^{-1}[X(s)] = \mathscr{L}^{-1}\left[\frac{1}{s}\right] - \mathscr{L}^{-1}\left[\frac{s}{s^2+1}\right] + \mathscr{L}^{-1}\left[\frac{1}{s^2+1}\right] = 1 - \cos t + \sin t$$

$$Y(s) = \frac{\begin{vmatrix} s-1 & \dfrac{1}{s} \\ s-2 & \dfrac{1}{s+1} \end{vmatrix}}{\begin{vmatrix} s-1 & s+1 \\ s-2 & 2s+1 \end{vmatrix}} = \frac{\dfrac{s-1}{s+1} - 1 + \dfrac{2}{s}}{s^2+1} = \frac{\dfrac{2}{s(s+1)}}{s^2+1}$$

$$= \frac{2}{s(s+1)(s^2+1)} = \frac{A}{s} + \frac{B}{s+1} + \frac{Cs+D}{s^2+1}$$　解得

$A = 2$，$B = -1$，$C = -1$，$D = -1$，則

$$Y(s) = \frac{2}{s} + \frac{-1}{s+1} + \frac{-s-1}{s^2+1}$$

$$y(t) = \mathscr{L}^{-1}[Y(s)] = 2\mathscr{L}^{-1}\left[\frac{1}{s}\right] - \mathscr{L}^{-1}\left[\frac{1}{s+1}\right] - \mathscr{L}^{-1}\left[\frac{s}{s^2+1}\right] - \mathscr{L}^{-1}\left[\frac{1}{s^2+1}\right]$$

$$= 2 - e^{-t} - \cos t - \sin t$$

練習題

1. 求下列各微分方程式的解

(1) $y'' + 2y' + y = 1$，$y(0) = 0$，$y'(0) = 0$

(2) $y'' + y' - 3y = e^{3t}$，$y(0) = 1$，$y'(0) = 1$

(3) $y'' - 2y' + y = \sin t$，$y(0) = 1$，$y'(0) = 2$

(4) $y'' + y' + 2y = \cosh 2t$，$y(0) = 0$，$y'(0) = 1$

(5) $y'' + 2y' + y = te^{-t}$，$y(0) = 1$，$y'(0) = -1$

2. 求下列各聯立微分方程組的解

(1) $\begin{cases} x' + 2x - y' = 1 \\ x' + 3x - y = 0 \end{cases}$，$x(0) = 1$，$y(0) = 1$

(2) $\begin{cases} x' - y' + 2y = t \\ x' + x - y' + y = 0 \end{cases}$，$x(0) = y(0) = 0$

(3) $\begin{cases} 2x' + x - y' = 0 \\ x + y' + 2y = e^t \end{cases}$，$x(0) = 1$，$y(0) = 0$

(4) $\begin{cases} x' - 2x + y' + y = 1 \\ x' + x + y' = e^{-t} \end{cases}$，$x(0) = y(0) = 0$

(5) $\begin{cases} x' - 4x + 2y' = \sin t \\ x' + 2x + y = 0 \end{cases}$，$x(0) = 1$，$y(0) = 0$

三　利用拉普拉斯轉換求積分方程式的解

前面章節中已經討論過積分的拉普拉斯轉換，因此，如果方程式中含有積分的項目，可以利用前述方法將整個方程式取拉普拉斯轉換，求得最後之解。

● 例題 **14-11**

求積分方程式 $y'(t) = 2t + \int_0^t y(\tau)\,d\tau - 2$，$y(0) = 0$ 之解。

解　取拉普拉斯轉換得

$$\mathscr{L}[y'(t)] = 2\mathscr{L}[t] + \mathscr{L}\left[\int_0^t y(\tau)\,d\tau\right] - \mathscr{L}[2]$$

$$sY(s) - y(0) = 2(\frac{1}{s^2}) + \frac{1}{s}Y(s) - \frac{2}{s}$$

$$(s - \frac{1}{s})Y(s) = \frac{2}{s^2} - \frac{2}{s}$$

$$\frac{s^2 - 1}{s}Y(s) = \frac{2 - 2s}{s^2}$$

$$Y(s) = \frac{2 - 2s}{s^2} \cdot \frac{s}{s^2 - 1} = \frac{-2s + 2}{s(s^2 - 1)}$$

$$= \frac{A}{s} + \frac{B}{s-1} + \frac{C}{s+1} \text{ 得 } A = -2 \text{，} B = 0 \text{，} C = 2$$

即 $Y(s) = \frac{-2}{s} + \frac{2}{s+1}$，則

$$y(t) = \mathscr{L}^{-1}[Y(s)] = -2 + 2e^{-t}$$

● 例題 **14-12**

求積分方程式 $y'(t) = e^{2t} + \int_0^t y(\tau)\,d\tau$ ，$y(0) = 1$ 之解。

解 取拉普拉斯轉換得

$$\mathscr{L}[y'(t)] = \mathscr{L}[e^{2t}] + \mathscr{L}[\int_0^t y(\tau)\,d\tau]$$

$$sY(s) - y(0) = \frac{1}{s-2} + \frac{1}{s}Y(s)$$

$$(s - \frac{1}{s})Y(s) = \frac{1}{s-2} + 1 \ , \ \frac{s^2-1}{s}Y(s) = \frac{s-1}{s-2}$$

$$\frac{(s-1)(s+1)}{s}Y(s) = \frac{s-1}{s-2} \ , \ Y(s) = \frac{s}{(s-2)(s+1)} = \frac{A}{s-2} + \frac{B}{s+1}$$

展開得 $\dfrac{s}{(s-2)(s+1)} = \dfrac{(A+B)s + (A-2B)}{(s-2)(s+1)}$

$\begin{cases} A + B = 1 \\ A - 2B = 0 \end{cases}$ 解得 $A = \dfrac{2}{3}$ ， $B = \dfrac{1}{3}$

$$Y(s) = \frac{2}{3}\frac{1}{s-2} + \frac{1}{3}\frac{1}{s+1}$$

$$y(t) = \mathscr{L}^{-1}[Y(s)] = \frac{2}{3}\mathscr{L}^{-1}[\frac{1}{s-2}] + \frac{1}{3}\mathscr{L}^{-1}[\frac{1}{s+1}]$$

$$y(t) = \frac{2}{3}e^{2t} + \frac{1}{3}e^{-t}$$

● 例題 **14-13**

解積分方程式 $y'(t) = 2 - \int_0^t y(t-\tau)e^{-2\tau} \, d\tau$ ， $y(0) = 0$ 。

解 $y'(t) = 2 - \int_0^t y(t-\tau)e^{-2\tau} \, d\tau = 2 - y(t) \otimes e^{-2t}$

$\mathscr{L}[y'(t)] = \mathscr{L}[2] - \mathscr{L}[y(t) \otimes e^{-2t}]$

$sY(s) - y(0) = \dfrac{2}{s} - Y(s)\dfrac{1}{s+2}$

$(s + \dfrac{1}{s+2})Y(s) = \dfrac{2}{s}$

$\dfrac{s^2 + 2s + 1}{s+2}Y(s) = \dfrac{2}{s}$ ， $Y(s) = \dfrac{2}{s} \cdot \dfrac{s+2}{(s+1)^2} = \dfrac{A}{s} + \dfrac{B}{s+1} + \dfrac{C}{(s+1)^2}$

解之得 $A = 4$ ， $B = -4$ ， $C = -2$

則 $Y(s) = \dfrac{4}{s} - \dfrac{4}{s+1} + \dfrac{-2}{(s+1)^2}$

$y(t) = \mathscr{L}^{-1}[Y(s)] = \mathscr{L}^{-1}\left[\dfrac{4}{s}\right] - \mathscr{L}^{-1}\left[\dfrac{4}{s+1}\right] + \mathscr{L}^{-1}\left[\dfrac{-2}{(s+1)^2}\right] = 4 - 4e^{-t} - 2te^{-t}$

練習題

1. 利用拉普拉斯轉換解下列各積分方程式

(1) $y(t) = t - \int_0^t y(t-\tau)\cos\tau \, d\tau$

(2) $y(t) = 1 + \int_0^t y(t-\tau)e^{-2\tau} \, d\tau$

(3) $y'(t) + \int_0^t y(\tau)d\tau = 2$ ， $y(0) = 1$

(4) $y'(t) + \int_0^t y(t-\tau) \, d\tau + e^{-t} = 0$ ， $y(0) = 0$

四 拉普拉斯轉換在工程上的應用

在工程問題的處理上，一般都先把它的數學模型建立起來，然後再解數學問題，這是標準的處理模式。在許多工程領域中，所建立的數學模型往往包含有微分項和積分項，求解較為困難，如果將其取拉普拉斯轉換後再反轉換，相對的會容易得多，案例如下：

● 例題 14-14

將彈簧往下拉 y_0 後由靜止狀態釋放，運動的方程式為 $my''(t) + ky(t) = 0$，試求其解。

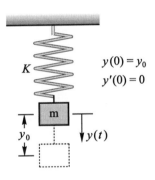

$$y(0) = y_0$$
$$y'(0) = 0$$

解 將方程式改寫為

$y''+\dfrac{k}{m}y=0$，由物理性質得知

彈簧上下運動(振動)的自然頻率為

$w_n = \sqrt{\dfrac{k}{m}}$，故得 $y''+w_n^2 y = 0$

取拉普拉斯轉換得

因初始位置 $y(0) = y_0$，初始速度 $y'(0) = 0$，故

$s^2 Y(s) + w_n^2 Y(s) = sy_0$，$(s^2 + w_n^2)Y(s) = sy_0$

$Y(s) = \dfrac{sy_0}{s^2 + w_n^2} = y_0 \left(\dfrac{s}{s^2 + w_n^2} \right)$，

$y(t) = \mathscr{L}^{-1}[Y(s)] = y_0 \cos w_n t$

● 例題 14-15

單擺的長度為 l，質量為 m，將其移動 y_0 後由靜止狀態釋放，其運動方程式為 $-mg\sin\theta = my''$，試求其解。

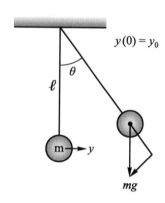

$y(0) = y_0$

θ

ℓ

m → y

mg

解 由牛頓第二運動定律

$\Sigma F = ma$ 得切線方向之運動方程式為

$-mg\sin\theta = my''$，則 $y'' + g\sin\theta = 0$，

當 $\theta \doteq 0$ 時，$\sin\theta \doteq \theta = \dfrac{y}{l}$ 得

$y'' + \dfrac{g}{l}y = 0$ 令 $\sqrt{\dfrac{g}{l}} = w_n$（自然頻率）

$y'' + w_n^2 y = 0$，取拉普拉斯轉換，得

$s^2 Y(s) - sy(0) - y'(0) + w_n^2 Y(s) = 0$

→由靜止釋放，故初速 $y'(0) = 0$

$(s^2 + w_n^2)Y(s) = sy_0$

$Y(s) = y_0 \left(\dfrac{s}{s^2 + w_n^2}\right)$ 則

$y(t) = \mathscr{L}^{-1}[Y(s)] = y_0 \cos w_n t$

● 例題 **14-16**

在彈簧運動系統中，如果外加了一個阻尼器，其阻尼常數爲 c，產生的反向作用力爲運動速度 y' 與 c 的乘積，試列出其方程式並求其通解。

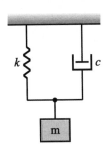

解 將彈簧往下拉 y_0 後由靜止狀態釋放，運動方程式爲

$my'' + cy' + ky = 0$，則

$$y'' + \frac{c}{m}y' + \frac{k}{m}y = 0 \cdots ①$$

已知 $\sqrt{\dfrac{k}{m}} = w_n$ 爲無阻尼情況下之振動頻率

而 $\dfrac{c}{m} = \dfrac{c}{\sqrt{km}} \cdot \dfrac{\sqrt{k}}{\sqrt{m}} = \dfrac{c}{\sqrt{km}} w_n$

物理上定義 $\dfrac{c}{2\sqrt{km}} = \xi$ 爲阻尼係數，則

$\dfrac{c}{m} = 2\xi w_n$ 代入①式得方程式

$y'' + 2\xi w_n y' + w_n^2 y = 0$，取拉普拉斯轉換得

$s^2 Y(s) - sy(0) - y'(0) + 2\xi w_n [sY(s) - y(0)] + w_n^2 Y(s) = 0$

因 $y(0) = y_0$，$y'(0) = 0$ 得

$(s^2 + 2\xi w_n s + w_n^2) Y(s) = (s + 2\xi w_n) y_0$

$$Y(s) = \frac{y_0 (s + 2\xi w_n)}{s^2 + 2\xi w_n s + w_n^2}$$

將上式取反拉普拉斯轉換得

$$y(t) = \mathscr{L}^{-1}[Y(s)] = y_0 \mathscr{L}^{-1}\left[\frac{s + 2\xi w_n}{s^2 + 2\xi w_n s + w_n^2} \right]$$

● 例題 **14-17**

在 LC 振盪電路中，電容之初始電荷為 $q(0) = q_0$，若初始電流 $i(0) = 0$，試列出其方程式並求其解。

解 依克希荷夫定律

$$L\frac{di}{dt} + \frac{q}{c} = 0$$

因 $i(t) = \dfrac{dq(t)}{dt}$ 故得

$$Lq'' + \frac{q}{c} = 0，或 q'' + \frac{q}{LC} = 0$$

取拉普拉斯轉換得

$$s^2 Q(s) - sq(0) - q'(0) + \frac{1}{LC}Q(s) = 0$$

$q(0) = q_0$，$q'(0) = i(0) = 0$ 代入得

$(s^2 + \dfrac{1}{LC})Q(s) = sq_0$，物理意義知 $\dfrac{1}{\sqrt{LC}} = w_n$，則

$(s^2 + w_n^2)Q(s) = sq_0$，$Q(s) = \dfrac{sq_0}{s^2 + w_n^2}$

取反拉普拉斯轉換得

$$q(t) = \mathscr{L}^{-1}[Q(s)] = q_0 \cos w_n t$$

課後作業

1. 求 $F(s) = \dfrac{6s^2 - 2s + 4}{(s+2)(s^2 + 4)}$ 之拉普拉斯反轉換。

2. 求 $F(s) = \dfrac{s^2 - s + 1}{s^3 - 2s^2 - 5s + 6}$ 之拉普拉斯反轉換。

3. 求 $y'' + 4y' + 3y = e^{2t}$，$y(0) = 0$，$y'(0) = 2$ 之解。

4. 求 $y'' - 3y' + 2y = \sin t$，$y(0) = 0$，$y'(0) = 1$ 之解。

5. 解積分方程式 $y(t) = 3t + \int_0^t y(t - \tau) \sin \tau \, d\tau$。

15

複變分析(一)

學習重點

本章介紹複數之定義及其基本運算方法，介紹複數之共軛複數，並利用複數與共軛複數間之關係來簡化複數之運算。此外，本章亦將介紹複數之極式表示方式，以及利用極式做複數運算之方法，並以此法導入複數較複雜的次方和次方根運算，以增加學習的速度和效果。

一 複數及其四則運算

我們所熟知的數學中，一個數的平方都會大於或等於零，亦即 $x^2 \geq 0$，不過在有些情況下會得到 $x^2 < 0$ 的情況，例如方程式 $x^2 + 1 = 0$，$x^2 = -1 < 0$，和我們平常的認知不太一樣，若要找到滿足上列方程式，必需定義一個新的數 $i = \sqrt{-1}$，稱為虛數，則 $i^2 = -1$。

● 例題 15-1

求方程式 $(1)x^2 + 9 = 0$，$(2)x^2 + 2x + 6 = 0$ 之解。

解 (1) $x^2 + 9 = 0$，則 $x^2 = -9 = (-1)(9)$

$x = \sqrt{-1}\sqrt{9} = 3\sqrt{-1} = 3i$

(2) $x^2 + 2x + 6 = 0$

$x = \dfrac{-2 \pm \sqrt{2^2 - 4 \times 1 \times 6}}{2 \times 1} = \dfrac{-2 \pm \sqrt{-20}}{2} = \dfrac{-2 \pm 2\sqrt{-5}}{2} = -1 \pm \sqrt{5}i$，

故 $-1 + \sqrt{5}i$ 和 $-1 - \sqrt{5}i$ 為其解

上例中之形式，可記為 $z = a + bi$，**z 稱為複數**，a **稱為複數 z 之實部**，b 則稱**為複數 z 之虛部，分別記為**

$$Re(z) = a \text{ 及 } Im(z) = b$$

如果複數的虛部為零，則變為實數，而若複數的實部為零，則為純虛數。

● 例題 15-2

求下列複數之實部與虛部。
(1) $z = 2 + 3i$　(2) $z = \sqrt{3}i$

解 (1) $Re(z) = 2$，$Im(z) = 3$

(2) $Re(z) = 0$，$Im(z) = \sqrt{3}$

複數包含了實部與虛部，若將其標示在平面上的兩個坐標軸上，一個為實軸，另一個為虛軸，則此平面稱為複數平面，如下圖。

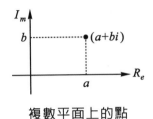

複數平面上的點

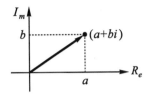

複數平面上的向量

● 例題 15-3

將下列複數向量繪於複數平面上

(1) $z_1 = 2 + 3i$　(2) $z_2 = -1 + i$　(3) $z_3 = -2i$　(4) $z_4 = 3$

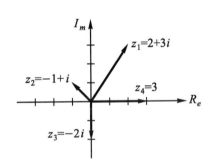

複數平面就和一般平面一樣，平面上的坐標軸 Re 和 Im 就和 x 軸與 y 軸相似，因此，複數的代數運算和 $x - y$ 平面上的代數運算相同，實軸和虛軸分開運算。故若 $z_1 = a_1 + b_1 i$，$z_2 = a_2 + b_2 i$，則

1. $z_1 + z_2 = (a_1 + a_2) + (b_1 + b_2)i$

2. $z_1 - z_2 = (a_1 - a_2) + (b_1 - b_2)i$

3. $-z_1 = -(a_1 + b_1 i) = -a_1 - b_1 i$

4. $mz_2 = m(a_2 + b_2 i) = ma_2 + mb_2 i$（$m$ 為實數）

5. 若 $z_1 = z_2$ 或 $a_1 + b_1 i = a_2 + b_2 i$，則 $a_1 = a_2$，$b_1 = b_2$

● 例題 **15-4**

已知 $z_1 = 2 + 3i$，$z_2 = 3 - i$，求

(1) $z_1 + z_2$，(2) $z_1 - z_2$，(3) $2z_1 + 3z_2$。

解 (1) $z_1 + z_2 = (2 + 3) + (3 - 1)i = 5 + 2i$

(2) $z_1 - z_2 = (2 - 3) + (3 - (-1))i = -1 + 4i$

(3) $2z_1 + 3z_2 = 2(2 + 3i) + 3(3 - i)$

$$= 4 + 6i + 9 - 3i$$

$$= (4 + 9) + (6 - 3)i$$

$$= 13 + 3i$$

複數包含實部 Re 和虛部 Im，若兩個複數相乘或相除，方式如下：

$z_1 = a_1 + b_1i$，$z_2 = a_2 + b_2i$，則

$$z_1 \cdot z_2 = (a_1 + b_1i)(a_2 + b_2i)$$

$$= a_1a_2 + a_1b_2i + b_1a_2i + b_1b_2i^2$$

$$= a_1a_2 + (a_1b_2 + a_2b_1)i + b_1b_2(-1)$$

$$= (a_1a_2 - b_1b_2) + (a_1b_2 + a_2b_1)i$$

$$\frac{z_1}{z_2} = \frac{a_1 + b_1i}{a_2 + b_2i} = \frac{(a_1 + b_1i)(a_2 - b_2i)}{(a_2 + b_2i)(a_2 - b_2i)}$$

$$= \frac{(a_1a_2 + b_1b_2) + (a_2b_1 - a_1b_2)i}{a_2^2 - b_2^2i^2}$$

$$= \frac{a_1a_2 + b_1b_2}{a_2^2 + b_2^2} + \frac{a_2b_1 - a_1b_2}{a_2^2 + b_2^2}i$$

● 例題 **15-5**

已知 $z_1 = 2 + i$，$z_2 = 1 - 2i$，求

(1)$z_1 z_2$，(2)$\dfrac{z_1}{z_2}$。

(解) (1) $z_1 z_2 = (2 + i)(1 - 2i)$

$= 2 - 4i + i - 2i^2$

$= 2 - 3i - 2(-1)$

$= 4 - 3i$

(2) $\dfrac{z_1}{z_2} = \dfrac{2+i}{1-2i} = \dfrac{(2+i)(1+2i)}{(1-2i)(1+2i)}$

$= \dfrac{2+4i+i+2i^2}{1-2^2 i^2} = \dfrac{2+5i+2(-1)}{5}$

$= \dfrac{0}{5} + \dfrac{5}{5}i = i$

二　共軛複數與複數之模數

若複數 $z = a + bi$，則 $\bar{z} = a - bi$ 稱為複數 z 之共軛複數，共軛複數有如下之性質：

1. $\overline{z_1 + z_2} = \overline{z_1} + \overline{z_2}$

2. $\overline{z_1 - z_2} = \overline{z_1} - \overline{z_2}$

3. $\overline{z_1 z_2} = \overline{z_1}\,\overline{z_2}$

4. $\overline{\left(\dfrac{z_1}{z_2}\right)} = \dfrac{\overline{z_1}}{\overline{z_2}}$

5. $z = \bar{z} = 2a = 2\operatorname{Re}(z)$

6. $z - \bar{z} = 2bi = 2\operatorname{Im}(z)i$

● 例題 15-6

若 $z_1 = 2 - 3i$，$z_2 = 3 + 2i$，求
(1) $\overline{z_1 z_2}$　　(2) $z_1 + z_2 + \overline{z_1} + \overline{z_2}$　　(3) $z_1 z_2 - \overline{z_1 z_2}$ 。

解 (1) $\overline{z_1 z_2} = \overline{z_1}\,\overline{z_2} = (2 + 3i)(3 - 2i)$

$$= 6 + 9i - 4i - 6i^2 = 12 + 5i$$

(2) $z_1 + z_2 + \overline{z_1} + \overline{z_2} = (z_1 + \overline{z_1}) + (z_2 + \overline{z_2})$

$$= 2\operatorname{Re}(z_1) + 2\operatorname{Re}(z_2) = 2 \times 2 + 2 \times 3 = 10$$

(3) $z_1 z_2 - \overline{z_1 z_2} = (2 - 3i)(3 + 2i) - (2 + 3i)(3 - 2i)$

$$= (6 - 9i + 4i - 6i^2) - (6 + 9i - 4i - 6i^2)$$

$$= (12 - 5i) - (12 + 5i) = -10i$$

若複數 $z = a + bi$，其共軛複數 $\bar{z} = a - bi$，則 $z\bar{z} = a^2 + b^2$，此時可定義 $|z| = \sqrt{z\bar{z}} = \sqrt{a^2 + b^2}$ 稱為複數 z 之模數(Module)。在複數平面上，複數 z 之模數即相當於向量 z 之大小。

● 例題 **15-7**

若 $z_1 = 2 + 3i$，$z_2 = 3 - i$，求(1) z_1 之模數，(2) $\dfrac{z_2}{z_1}$。

解 (1) $|z_1| = \sqrt{z_1 \overline{z_1}} = \sqrt{2^2 + 3^2} = \sqrt{13}$

(2) $\dfrac{z_2}{z_1} = \dfrac{3-i}{2+3i} = \dfrac{(3-i)(2-3i)}{(2+3i)(2-3i)} = \dfrac{z_2 \overline{z_1}}{z_1 \overline{z_1}}$

$= \dfrac{6 - 2i - 9i + 3i^2}{13} = \dfrac{3 - 11i}{13}$

$= \dfrac{3}{13} - \dfrac{11}{13}i$

練習題

1. 求方程式 $3x^2 + 2x + 5 = 0$ 之解。

2. 將下列複數繪於複數平面上

$z_1 = -2 - i$，$z_2 = 1 + 2i$，$z_3 = 3i$，$z_4 = -3$

3. 求上題中之

(1) $z_1 z_2$

(2) $\overline{z_1 z_2}$

(3) $z_1 \overline{z_2} - 2z_2$

(4) $\dfrac{z_2}{z_1}$

4. 求上題中 z_1，z_2，z_3，z_4 之模數。

三 複數之極式及其運算

在複數平面上，水平軸爲實部，垂直軸爲虛部，此和一般平面坐標系統中之水平軸爲 x 軸，垂直軸爲 y 軸相似，因此，複數 $z = a + bi$ 可以視爲平面上的一個向量，水平軸的大小爲 a，垂直軸的大小爲 b，前面章節所學習到之向量的定義與運算方法，幾乎都可以運用在複數平面上的相同運算。

若複數平面上的一個複數 $z = a + bi$，可以標示在複數平面上，且其大小爲

$$|z| = \sqrt{a^2 + b^2} = r$$

由圖中可知，其水平軸的分量即實部和垂直軸的分量即虛部可分別寫成

$$x = r\cos\theta = a$$

$$y = r\sin\theta = b$$

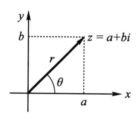

則 $\dfrac{y}{x} = \dfrac{b}{a} = \dfrac{r\sin\theta}{r\cos\theta} = \tan\theta$ 得其幅角 $\theta = \tan^{-1}\dfrac{y}{x}$，有時也記爲 $\theta = \arg(z)$

因此，複數 z 可以寫成另一種型式，即

$$z = x + yi = r\cos\theta + r\sin\theta i$$

$$= r(\cos\theta + i\sin\theta)$$

此型式稱爲複數之極坐標型式或簡稱極式。

● 例題 15-8

試求下列複數之極式

(1)$3 + 2i$　(2)$\sqrt{2} + i$　(3)$4i$　(4)-2。

解 (1)　$r = \sqrt{3^2 + 2^2} = \sqrt{13}$，$\theta = \tan^{-1}\dfrac{2}{3} = 33.7°$

則 $z = r(\cos\theta + i\sin\theta) = \sqrt{13}(\cos 33.7° + i\sin 33.7°)$

(2)　$r = \sqrt{(\sqrt{2})^2 + 1^2} = \sqrt{3}$，$\theta = \tan^{-1}\dfrac{1}{\sqrt{2}} = 35.3°$

則 $z = r(\cos\theta + i\sin\theta) = \sqrt{3}(\cos 35.3° + i\sin 35.3°)$

(3)　$r = \sqrt{0^2 + 4^2} = 4$，$\theta = \tan^{-1}\dfrac{4}{0} = 90°$ 或 $-90°$

則 $z = 4(\cos 90° + i\sin 90°)$

(4)　$r = \sqrt{(-2)^2 + 0^2} = 2$，$\theta = \tan^{-1}\dfrac{0}{-2} = 0°$ 或 $180°$

則 $z = 2(\cos 180° + i\sin 180°)$

　　複數以極式表示後，其加法與減法變得較複雜，但乘法和除法就變得容易許多。若兩複數

$$z_1 = r_1(\cos\theta_1 + i\sin\theta_1)$$

$$z_2 = r_2(\cos\theta_2 + i\sin\theta_2)$$

則 $z_1 z_2 = r_1(\cos\theta_1 + i\sin\theta_1) \cdot r_2(\cos\theta_2 + i\sin\theta_2)$

$$= r_1 r_2[\cos\theta_1\cos\theta_2 + i(\sin\theta_1\cos\theta_2 + \cos\theta_1\sin\theta_2) + i^2(\sin\theta_1\sin\theta_2)]$$

$$= r_1 r_2[(\cos\theta_1\cos\theta_2 - \sin\theta_1\sin\theta_2) + i(\sin\theta_1\cos\theta_2 + \cos\theta_1\sin\theta_2)]$$

利用三角函數公式

$$\sin(\alpha \pm \beta) = \sin\alpha\cos\beta \pm \cos\alpha\sin\beta$$

$$\cos(\alpha \pm \beta) = \cos\alpha\cos\beta \mp \sin\alpha\sin\beta$$

代入上式得

$$z_1 z_2 = r_1 r_2[\cos(\theta_1 + \theta_2) + i\sin(\theta_1 + \theta_2)]　（棣莫佛公式）$$

若再令 $\theta = \theta_1 + \theta_2$，$r = r_1 r_2$ 則

$$z_1 z_2 = r(\cos\theta + i\sin\theta)$$

由此可知，兩複數 z_1 和 z_2 之乘積，其極式之大小為 z_1 和 z_2 大小之乘積，幅角為 z_1 幅角和 z_2 幅角之和，亦即 $r = r_1 r_2$，$\theta = \theta_1 + \theta_2$

● 例題 **15-9**

若兩複數 $z_1 = 2(\cos45° + i\sin45°)$，$z_2 = \sqrt{3}(\cos15° + i\sin15°)$，試求 $z_1 z_2 = ?$

解　$z_1 z_2 = z = r(\cos\theta + i\sin\theta)$
　　　$r = 2\sqrt{3}$ ，$\theta = 45° + 15° = 60°$
　　　則 $z_1 z_2 = 2\sqrt{3}(\cos60° + i\sin60°)$
　　　若將題中之複數繪於複數平面上，得

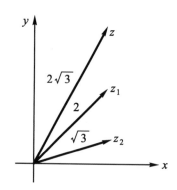

當二個以上複數相乘時，可以用上述之方法得到

$$z_1 z_2 z_3 z_4 \cdots z_n = (z_1 z_2)z_3 z_4 \cdots z_n$$
$$= [(z_{12})z_3]z_4 \cdots z_n = [(z_{123})z_4] \cdots z_n$$
$$= r_1 r_2 r_3 \cdots r_n [\cos(\theta_1 + \theta_2 + \cdots \theta_n) + i\sin(\theta_1 + \theta_2 + \cdots + \theta_n)]$$

複數極式之除法為

$$z = \frac{z_1}{z_2} = \frac{z_1 \overline{z_2}}{z_2 \overline{z_2}} = \frac{r_1 (\cos\theta_1 + i\sin\theta_1) r_2 (\cos\theta_2 - i\sin\theta_2)}{r_2 (\cos\theta_2 + i\sin\theta_2) \cdot r_2 (\cos\theta_2 - i\sin\theta_2)}$$

$$= \frac{r_1 (\cos\theta_1 \cos\theta_2 + i(\cos\theta_2 \sin\theta_1 - \cos\theta_1 \sin\theta_2) - i^2 \sin\theta_1 \sin\theta_2)}{r_2 (\cos^2\theta + \sin^2\theta_2)}$$

$$= \frac{r_1}{r_2} \frac{(\cos\theta_1 \cos\theta_2 + \sin\theta_1 \sin\theta_2) + i(\cos\theta_2 \sin\theta_1 - \cos\theta_1 \sin\theta_2)}{\cos^2\theta_2 + \sin^2\theta_2}$$

依據三角函數公式 $\cos^2\theta + \sin^2\theta = 1$

$$\cos\theta_1\cos\theta_2 + \sin\theta_1\sin\theta_2 = \cos(\theta_1 - \theta_2)$$

$$\cos\theta_2\sin\theta_1 - \cos\theta_1\sin\theta_2 = \sin(\theta_1 - \theta_2)$$

代入上式得

$$z = \frac{z_1}{z_2} = \frac{r_1}{r_2} [\cos(\theta_1 - \theta_2) + i\sin(\theta_1 - \theta_2)] \quad (\text{棣莫佛公式})$$

若再令 $\dfrac{r_1}{r_2} = r$，$\theta_1 - \theta_2 = \theta$，則

$$z = r(\cos\theta + i\sin\theta)$$

由此可知，兩複數 z_1 和 z_2 相除，其極式大小 r 為兩者大小相除，幅角 θ 為 z_1 幅角和 z_2 幅角之差，亦即 $r = \dfrac{r_1}{r_2}$，$\theta = \theta_1 - \theta_2$

● 例題 15-10

若 $z_1 = \sqrt{2}\,(\cos45° + i\sin45°)$，$z_2 = \sqrt{3}\,(\cos15° + i\sin15°)$，求 $\dfrac{z_1}{z_2} = ?$

解　$r = \dfrac{r_1}{r_2} = \dfrac{\sqrt{2}}{\sqrt{3}} = \dfrac{\sqrt{6}}{3}$

$\theta = \theta_1 - \theta_2 = 45° - 15° = 30°$，則

$z = \dfrac{z_1}{z_2} = \dfrac{\sqrt{6}}{3}\,(\cos30° + i\sin30°)$

● 例題 **15-11**

若兩複數 $z_1 = 2(\cos45° + i\sin45°)$，$z_2 = 4(\cos60° + i\sin60°)$，試求 $\dfrac{z_1 + z_2}{z_1} = ?$

(解) $z_1 = 2(\cos45° + i\sin45°) = 2(\dfrac{\sqrt{2}}{2} + i\dfrac{\sqrt{2}}{2}) = \sqrt{2} + \sqrt{2}i$

$z_2 = 4(\cos60° + i\sin60°) = 4(\dfrac{1}{2} + i\dfrac{\sqrt{3}}{2}) = 2 + 2\sqrt{3}i$

$z_1 + z_2 = (2 + \sqrt{2}) + (\sqrt{2} + 2\sqrt{3})i = 3.414 + 4.878i$

$r_{12} = \sqrt{(3.414)^2 + (4.878)^2} = 5.954$

$\theta_0 = \tan^{-1}\dfrac{4.878}{3.414} = 55°$

$z_1 + z_2 = 5.954(\cos55° + i\sin55°)$

$\dfrac{z_1 + z_2}{z_1} = r(\cos\theta + i\sin\theta)$

$r = \dfrac{r_{12}}{r_1} = \dfrac{5.954}{2} = 2.977$

$\theta = \theta_0 - \theta_1 = 55° - 45° = 10°$，則

$z = \dfrac{z_1 + z_2}{z_1} = 2.977\,(\cos10° + i\sin10°)$

● 例題 **15-12**

複數 z_1，z_2 如上題，試求 $\dfrac{z_1 z_2}{z_1 + z_2} = ?$

(解) $z_{12} = z_1 z_2 = 8(\cos(45° + 60°) + i\sin(45° + 60°))$

$= 8(\cos105° + i\sin105°)$

$z_1 + z_2 = 5.954(\cos55° + i\sin55°)$

$z = \dfrac{z_1 z_2}{z_1 + z_2} = \dfrac{8}{5.954}(\cos(105° - 55°) + i\sin(105° - 55°))$

$= 1.344(\cos50° + i\sin50°)$

四　複數之次方及次方根

複數雖然含有實部與虛部兩大項，但仍然可以求得其次方值與方根值，其方法簡單易懂。若有一複數 z 存在於複數平面上，則 z^n 為該複數的 n 次方，$z^{\frac{1}{n}}$ 則為該複數的 n 次方根，亦即 $\sqrt[n]{z}$，其中 n 為正整數。任何複數 $z = a + bi$ 在求次方和次方根時，都以先將其化為極式再進行運算為佳，亦即將 $z = a + bi$ 化為 $z = r(\cos\theta + i\sin\theta)$ 再以前述之運算方法運算，其中

$$r = \sqrt{a^2 + b^2} \quad , \quad \theta = \tan^{-1}\frac{b}{a}$$

● 例題 15-13

若 $z = r(\cos\theta + i\sin\theta)$ 試求 (1) z^n，(2) z^{-n}

解 (1) $z^n = z \cdot z \cdots z$（n 次相乘）

則依複數相乘之運算法則，

$r_0 = r \cdot r \cdots r$（n 次相乘）

$\quad = r^n$

$\theta_0 = \theta + \theta + \cdots$（$n$ 次相加）

$\quad = n\theta$，則得到

$z_0 = z^n = r^n(\cos n\theta + i\sin n\theta)$

(2) $z^{-n} = \dfrac{1}{z^n} = \dfrac{1 \cdot (\cos 0° + i\sin 0°)}{r^n(\cos n\theta + i\sin n\theta)}$

$\quad = \dfrac{1}{r^n}[\cos(0 - n\theta) + i\sin(0 - n\theta)]$

$\quad = \dfrac{1}{r^n}[\cos(-n\theta) + i\sin(-n\theta)]$

$\quad = r^{-n}(\cos(-n\theta) + i\sin(-n\theta))$

● **例題 15-14**

若 $z = \sqrt{2}\,(\cos 15° + i\sin 15°)$，試求 $(1)z^5$，$(2)z^{-5}$。

解 (1) $z^5 = (\sqrt{2})^5 [\cos(5 \times 15°) + i\sin(5 \times 15°)]$

$\qquad = 4\sqrt{2}\,(\cos 75° + i\sin 75°)$

(2) $z^{-5} = (\sqrt{2})^{-5} [\cos(-5 \times 15°) + i\sin(-5 \times 15°)]$

$\qquad = \dfrac{1}{4\sqrt{2}}[\cos(-75°) + i\sin(-75°)]$

　　若 n 爲一正整數，且複數 $z = x + iy$，當有一方程式 $z = w^n$ 存在，則滿足該方程式的所有 w 稱爲複數 z 之 n 次方根，亦即 $w = \sqrt[n]{z}$ 或 $w = z^{\frac{1}{n}}$。

　　令 $w = \rho(\cos\phi + i\sin\phi)$ 爲方程式的解，亦即 $z^{\frac{1}{n}} = w$，或 $w^n = z$ 成立，將 $w = \rho(\cos\phi + i\sin\phi)$ 代入上式得

$$w^n = \rho^n(\cos n\phi + i\sin n\phi) = r(\cos\theta + i\sin\theta)$$

故 $\rho^n = r$，$\rho = r^{\frac{1}{n}}$

$\qquad n\phi = \theta + 2m\pi$，$m = 0$，$\pm 1$，$\pm 2$，$\cdots$

即 $\phi = \dfrac{\theta}{n} + \dfrac{2m}{n}\pi$，則

$$w_1 = \rho(\cos\phi + i\sin\phi) = r^{\frac{1}{n}}\left[\cos(\frac{\theta}{n} + 0) + i\sin(\frac{\theta}{n} + 0)\right]$$

$$\qquad = r^{\frac{1}{n}}(\cos\frac{\theta}{n} + i\sin\frac{\theta}{n})$$

$$w_2 = r^{\frac{1}{n}}\left[\cos(\frac{\theta}{n} + \frac{2}{n}\pi) + i\sin(\frac{\theta}{n} + \frac{2}{n}\pi)\right]$$

$$w_3 = r^{\frac{1}{n}}\left[\cos(\frac{\theta}{n} + \frac{4}{n}\pi) + i\sin(\frac{\theta}{n} + \frac{4}{n}\pi)\right]$$

$$\qquad\vdots$$

$$w_n = r^{\frac{1}{n}}\left[\cos(\frac{\theta}{n} + \frac{n-1}{n}\pi) + i\sin(\frac{\theta}{n} + \frac{n-1}{n}\pi)\right]$$

爲 $z = w^n$ 之 n 組解或 n 個根。

因 w_1，$w_2 \cdots w_n$ 之所有大小皆爲 $r^{\frac{1}{n}}$，而其所含的正弦與餘弦角度分別間隔 $\dfrac{2\pi}{n}$，故

此 n 個根可以標示在 z 平面的一個圓上，半徑爲 $r^{\frac{1}{n}}$，兩個解之間的間隔爲 $\dfrac{2\pi}{n}$。

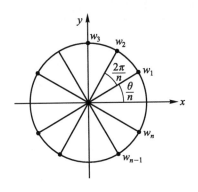

● 例題 **15-15**

求 $z = 2i$ 的所有平方根，並將其解繪於複數平面上。

解 $z = 2i = 2(\cos\dfrac{\pi}{2} + i\sin\dfrac{\pi}{2})$，令 $w^2 = z$，則

$$w_1 = \sqrt{2}\left[\cos\frac{\pi}{4} + i\sin\frac{\pi}{4}\right]$$

$$w_2 = \sqrt{2}\left[\cos(\frac{\pi}{4} + \frac{2\pi}{2}) + i\sin(\frac{\pi}{4} + \frac{2\pi}{2})\right]$$

$$= \sqrt{2}\left[\cos(\frac{\pi}{4} + \pi) + i\sin(\frac{\pi}{4} + \pi)\right]$$

$$= \sqrt{2}\left[\cos\frac{5\pi}{4} + i\sin\frac{5\pi}{4}\right]$$

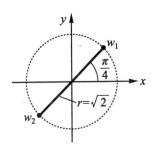

● 例題 **15-16**

求 $z = 8$ 的所有立方根，並將其解繪於複數平面上。

解 $z = 8 = 8(\cos 0° + i\sin 0°)$

令 $w^3 = z$，則

$$w_1 = 8^{\frac{1}{3}}\left[\cos(\frac{0°}{3} + \frac{0}{3}\pi) + i\sin(\frac{0°}{3} + \frac{0}{3}\pi)\right]$$

$$= 2[\cos 0° + i\sin 0°] = 2$$

$$w_2 = 8^{\frac{1}{3}}\left[\cos(\frac{0°}{3} + \frac{2\pi}{3}) + i\sin(\frac{0°}{3} + \frac{2\pi}{3})\right]$$

$$= 2\left[\cos(\frac{2}{3}\pi) + i\sin(\frac{2}{3}\pi)\right]$$

$$= 2\left[-\frac{1}{2} + \frac{\sqrt{3}}{2}i\right] = -1 + \sqrt{3}i$$

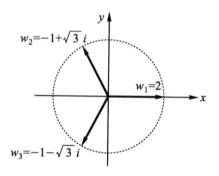

$$w_3 = 8^{\frac{1}{3}}\left[\cos(\frac{0°}{3} + \frac{4\pi}{3}) + i\sin(\frac{0°}{3} + \frac{4\pi}{3})\right]$$

$$= 2\left[\cos(\frac{4}{3}\pi) + i\sin(\frac{4}{3}\pi)\right]$$

$$= 2\left[-\frac{1}{2} - \frac{\sqrt{3}}{2}i\right] = -1 - \sqrt{3}i$$

$z = 8$ 之三個解的大小均為 2，

幅角則分別為 $0°$，$\frac{2}{3}\pi$ 和 $\frac{4}{3}\pi$

練習題 ....

1. 試求下列複數之極式

(1) $z_1 = \sqrt{3} - \sqrt{2}i$

(2) $z_2 = 2\sqrt{2} + i$

(3) $z_3 = 2\sqrt{3} - 3\sqrt{2}i$

(4) $z_4 = \sqrt{5}$

2. 試求上題中之

(1) $z_1 z_2 z_3$　　(2) $z_2 z_4$

3. 試求上題中之

(1) $\dfrac{z_1}{z_2}$　　(2) $\dfrac{z_1 z_3}{z_2}$　　(3) $\dfrac{z_1 z_2}{z_3 z_4}$

4. 試求上題中之

(1) z_1^3　　(2) z_2^{-3}　　(3) $z_3^{\frac{1}{3}}$　　(4) $z_4^{\frac{2}{3}}$

5. 求下列各數之立方根

(1) $z = -27$

(2) $z = 16$

(3) $(-2 + \sqrt{3}i)$

(4) $\sqrt{3} - 2i$

(5) $2\sqrt{2} - 3\sqrt{3}i$

(6) $\sqrt{1+i}$

6. 求上題中各數之 4 次方根。

課後作業

1. 若 $z_1 = 2(\cos15° + i\sin15°)$，$z_2 = \sqrt{2}\,(\cos30° + i\sin30°)$，
$z_3 = \sqrt{3}\,(\cos45° + i\sin45°)$，$z_4 = 1(\cos10° + i\sin10°)$，求 $z_1z_2z_3z_4 = ?$

2. 複數如上題中所示，試求 $\dfrac{z_1z_2}{z_3z_4} = ?$

3. 求 $z = -2i$ 的所有平方根，並將其解繪於複數平面上。

4. 求 $z = -8$ 的所有平方根，並將其解繪於複數平面上。

5. 試求 $(2-3i)^{\frac{1}{3}}$ 的所有根。

16

複變分析(二)

學習重點

本章介紹將複數轉化為指數型式之方法,並介紹以此指數型式進行各種運算之原則,包含加、減、乘、除和次方以及次方根,並將相關結果以圖示之。此外,本章之另一主要重點為介紹複變函數,以及利用各種指數與對數運算法則來進行複變函數之運算,使學習者對複變函數之運算與應用能力可以有所增長。

一　複數之指數型式

前面提到的複數 z 有兩種型式，亦即 $z = a + bi$ 或 $z = r(\cos\theta + i\sin\theta)$，但因爲數學家尤拉（Euler）定義了一個指數 $e^{i\theta}$，其型態和複數的表示法相類似，稱爲尤拉公式（Euler Fomula）

$$e^{i\theta} = \cos\theta + i\sin\theta$$

$$e^{-i\theta} = \cos\theta - i\sin\theta$$

因此複數 $z = r(\cos\theta + i\sin\theta)$ 可改寫爲 $z = re^{i\theta}$

從尤拉公式中可以進一步推導

1. $e^{i\theta} + e^{-i\theta} = 2\cos\theta$，**故** $\cos\theta = \dfrac{e^{i\theta} + e^{-i\theta}}{2}$

2. $e^{i\theta} - e^{-i\theta} = 2i\sin\theta$，**故** $\sin\theta = \dfrac{e^{i\theta} - e^{-i\theta}}{2}$

3. $|e^{i\theta}| = \sqrt{\cos^2\theta + \sin^2\theta} = 1$

4. $|e^{-i\theta}| = \sqrt{\cos^2\theta + (-\sin\theta)^2} = 1$

在 $z = a + bi$ 與 $z = re^{i\theta}$ 兩種不同表現方式中，相互間的關係爲

$$r = \sqrt{a^2 + b^2} \quad , \quad \theta = \tan^{-1}\dfrac{b}{a}$$

$$a = r\cos\theta \text{，} b = r\sin\theta$$

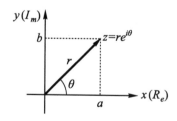

● 例題 16-1

試求下列複數之指數型式

(1) $z = 2 + 3i$

(2) $z = \sqrt{3} - 2i$

(3) $z = 2$

(4) $z = 2i$

解 (1) $r = \sqrt{2^2 + 3^2} = \sqrt{13}$

$\theta = \tan^{-1} \dfrac{3}{2} = 56.3° = 0.31\pi$

得 $z = \sqrt{13} e^{i(0.31\pi)}$

(2) $r = \sqrt{(\sqrt{3})^2 + (-2)^2} = \sqrt{7}$

$\theta = \tan^{-1} \dfrac{-2}{\sqrt{3}} = -49.1° = -0.27\pi$

得 $z = \sqrt{7} e^{-i(0.27\pi)}$

(3) $r = \sqrt{2^2} = 2$，$\theta = \tan^{-1} \dfrac{0}{2} = 0°$，則 $z = 2e^{i(0\pi)}$

(4) $r = \sqrt{2^2} = 2$，$\theta = \tan^{-1} \dfrac{2}{0} = \dfrac{\pi}{2}$，則 $z = 2e^{i(\frac{\pi}{2})}$

二　複數指數型式之乘法與除法運算

複數如以指數型式表示，在乘法與除法的運算上變得相當簡單，所有運算法則都遵循指數的運算法則即可。若兩個複數分別為 $z_1 = r_1 e^{i\theta_1}$ ，$z_2 = r_2 e^{i\theta_2}$ ，則

1. $z_1 z_2 = (r_1 e^{i\theta_1})(r_2 e^{i\theta_2}) = r_1 r_2 e^{i(\theta_1 + \theta_2)}$

2. $\dfrac{z_1}{z_2} = \dfrac{r_1 e^{i\theta_1}}{r_2 e^{i\theta_2}} = \dfrac{r_1}{r_2} e^{i(\theta_1 - \theta_2)}$

3. $z_1^n = (r_1 e^{i\theta_1})^n = r_1^n e^{in\theta_1}$

4. $z_1^{-n} = (r_1 e^{i\theta_1})^{-n} = r_1^{-n} e^{-in\theta_1}$

● 例題 **16-2**

若 $z_1 = 2 + \sqrt{3}i$ ，$z_2 = 3 - 2i$ ，求

(1) $z_1 + z_2$　　(2) $\dfrac{z_1}{z_2}$　　(3) z_1^3　　(4) z_2^{-3}

解　$r_1 = \sqrt{2^2 + (\sqrt{3})^2} = \sqrt{7}$ ，$\theta_1 = \tan^{-1}\dfrac{\sqrt{3}}{2} = 0.23\pi$

則 $z_1 = \sqrt{7}\, e^{i(0.23\pi)}$

$r_2 = \sqrt{3^2 + (-2)^2} = \sqrt{13}$

$\theta_2 = \tan^{-1}\dfrac{-2}{3} = -0.19\pi$

則 $z_2 = \sqrt{13}\, e^{-i(0.19\pi)}$

(1) $z_1 z_2 = [\sqrt{7}\, e^{i(0.23\pi)}][\sqrt{13}\, e^{-i(0.19\pi)}] = \sqrt{91}\, e^{i(\theta_1 + \theta_2)} = \sqrt{91}\, e^{i(0.04\pi)}$

(2) $\dfrac{z_1}{z_2} = \dfrac{r_1}{r_2} e^{i(\theta_1 - \theta_2)} = \dfrac{\sqrt{7}}{\sqrt{13}} e^{i[0.23\pi - (-0.19\pi)]} = \sqrt{\dfrac{7}{13}}\, e^{i(0.42\pi)}$

(3) $z_1^3 = r_1^3 e^{i(3\theta_1)} = 7\sqrt{7}\, e^{i(0.69\pi)}$

(4) $z_2^{-3} = r_2^{-3} e^{i(-3\theta_2)} = \sqrt{13}^{\,-3} e^{i[-3(-0.19\pi)]} = \dfrac{1}{13\sqrt{13}} e^{i(0.57\pi)}$

● 例題 **16-3**

試求 $9i$ 之所有 2 次方根。

解 $z = 9i = 9e^{i(\frac{\pi}{2})}$，令 $w^2 = z$

則 $w = z^{\frac{1}{2}} = 9^{\frac{1}{2}} e^{i(\frac{\pi}{4} + \frac{2m\pi}{2})}$，$m = 0$，1

故 $w_1 = 3e^{i(\frac{\pi}{4} + 0)} = 3(\cos\frac{\pi}{4} + i\sin\frac{\pi}{4}) = 3(\frac{1}{\sqrt{2}} + \frac{1}{\sqrt{2}}i) = \frac{3}{\sqrt{2}} + \frac{3}{\sqrt{2}}i$

$w_2 = 3e^{i(\frac{\pi}{4} + \pi)} = 3(\cos\frac{5\pi}{4} + i\sin\frac{5\pi}{4}) = 3(-\frac{1}{\sqrt{2}} - \frac{1}{\sqrt{2}}i) = -\frac{3}{\sqrt{2}} - \frac{3}{\sqrt{2}}i$

● 例題 **16-4**

試求 8 之所有 3 次方根。

解 $z = 8 = 8e^{i0}$，令 $w^3 = z$，

則 $w = z^{\frac{1}{3}} = 8^{\frac{1}{3}} e^{i(\frac{0}{3} + \frac{2m\pi}{3})}$，$m = 0$，1，2

故 $w_1 = 2e^{i(0 + 0)} = 2e^{i0} = 2$

$w_2 = 2e^{i(0 + \frac{2\pi}{3})} = 2e^{i(\frac{2\pi}{3})} = 2[\cos(\frac{2}{3}\pi) + i\sin(\frac{2}{3}\pi)]$

$\quad = 2[-\frac{1}{2} + \frac{\sqrt{3}}{2}i] = -1 + \sqrt{3}i$

$w_3 = 2e^{i(0 + \frac{4\pi}{3})} = 2e^{i(\frac{4\pi}{3})} = 2[-\frac{1}{2} + (-\frac{\sqrt{3}}{2})i]$

$\quad = -1 - \sqrt{3}i$

練習題

1. 試求下列複數 z 之指數型式

(1) $z_1 = 2 + \sqrt{3}i$ (2) $z_2 = 3 - 2i$

(3) $z_3 = -3 + 3\sqrt{2}i$ (4) $z_4 = -2$

(5) $z_5 = 3i$ (6) $z_6 = 5 + 2\sqrt{5}i$

2. 複數如上題，試以指數型式求

(1) $z_1 z_2$ (2) $z_2 z_3 z_4$

(3) $\dfrac{z_1}{z_3}$ (4) $\dfrac{z_1 z_3}{z_5 z_6}$

(5) z_1^2 (6) z_2^3

(7) $z_3^{\frac{1}{3}}$ (8) $z_5^{-\frac{1}{3}}$

(9) $(z_1 z_2)^{\frac{1}{3}}$ (10) $z_3^{\frac{1}{2}} z_4^{\frac{1}{3}}$

3. 複數如題一，試以指數型式求

(1) z_2 之方根   (2) z_3 之 3 次方根

(3) z_4 之 4 次方根   (4) z_5 之 2 次方根

(5) z_6 之 3 次方根   (6) $z_3 z_4$ 之 3 次方根

(7) $\dfrac{z_6}{z_5}$ 之 3 次方根   (8) $z_5^{\frac{1}{3}}$ 之 2 次方根

三　複變函數

在複數平面上定義複變函數就像在直角坐標平面上定義一般函數一樣，只不過自變數和應變數變成複數的型態罷了。亦即當 $y = f(x)$ 存在時，x 爲自變數，y 爲應變數，則在複數平面上若存在 $w = f(z)$，z 爲自變數，w 爲應變數，則稱其爲複變函數。對於每一個 z 值，可能有一個或多個 w 與之對應，若每一個 z 值對應的 w 爲唯一，稱 w 爲單值函數，否則稱爲多值函數。

複變函數 $w = f(z)$ 之型式可以表爲

$$w = f(z) = u(x, y) + iv(x, y)$$

其中 $u(x, y)$ 爲實部，$v(x, y)$ 則爲虛部。

● 例題 **16-5**

若多項複變函數 $w = f(z) = z^2 + z - 1$，試求

(1) $f(2)$　　(2) $f(-2i)$　　(3) $f(1 + i)$

解 (1) $f(2) = 2^2 + 2 - 1 = 5$

(2) $f(-2i) = (-2i)^2 + (-2i) - 1$
$$= 4i^2 - 2i - 1$$
$$= -5 - 2i$$

(3) $f(1 + i) = (1 + i)^2 + (1 + i) - 1$
$$= 1 + 2i + i^2 + 1 + i - 1$$
$$= 1 + 3i + i^2 = 1 + 3i - 1$$
$$= 3i$$

● 例題 16-6

試以極式及指數表示上題中之複數函數 w。

解 (1) 　　$f(2) = 5 = 5(\cos 0\pi + i\sin 0\pi)$ 或

$f(2) = 5 = 5e^{i0\pi}$

(2) 　　$f(-2i) = -5 - 2i$

$r = \sqrt{(-5)^2 + (-2)^2} = \sqrt{29}$

$\theta = \tan^{-1}\dfrac{-2}{-5} = 201.8° = 1.12\pi$

則 $f(-2i) = \sqrt{29}\,[\cos(1.12\pi) + i\sin(1.12\pi)]$ 或

$f(-2i) = \sqrt{29}\,e^{i(1.12\pi)}$

(3) 　　$f(1 + i) = 3i = 3(\cos\dfrac{\pi}{2} + i\sin\dfrac{\pi}{2})$ 或

$f(1 + i) = 3e^{i(\frac{\pi}{2})}$

● 例題 16-7

若多項複變函數 $w = f(z) = z^2 - z + 1$，$z = x + iy$，試求複變函數 w。

解 $f(z) = z^2 - z + 1 = (x + iy)^2 - (x + iy) + 1$

$\qquad = x^2 + 2ixy + i^2y^2 - x - iy + 1$

$\qquad = x^2 + i(2xy - y) - y^2 - x + 1$

$\qquad = (x^2 - y^2 - x + 1) + i(2xy - y)$

　　在複變函數中，實部和虛部可以用 x 和 y 等變數來表示，因此複數平面上 $z = x + iy$ 中的 x 或 y 的數值，都可以對應出 w 平面上 u 和 v 的值，再依 u 和 v 值兩者間的關係定義出 w 平面上複變函數的圖形。

● 例題 **16-8**

試求當 $\text{Re}(z) = 2$ 時，$f(z) = z - 1$ 在複變函數 w 平面上之圖形。

(解) 令 $z = x + iy$ 為複數平面上之任一複數

則 $w = f(z) = z - 1 = (x + iy) - 1 = (x - 1) + iy = u + iv$

$\text{Re}(z) = 2$，即 $x = 2$，代入上式得

$w = 1 + iy$，故 $u = 1$，

$v = y$ 為 w 平面上之圖形

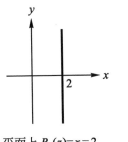

z 平面上 $R_e(z) = x = 2$

w 平面上之圖形

● 例題 **16-9**

試求當 $\text{Im}(z) = 1$ 時，$f(z) = z^2$ 在複變函數 w 平面上之圖形。

(解) 令 $x = x + iy$ 為複數平面上之任一複數，

則 $w = f(z) = z^2 = (x + iy)^2 = x^2 + 2ixy + i^2y^2 = (x^2 - y^2) + 2ixy = u + iv$

$\text{Im}(z) = 1$，即 $y = 1$，代入上式得

$w = (x^2 - 1) + 2ix$，故 $u = x^2 - 1$，$v = 2x$，則

$u = \dfrac{1}{4}v^2 - 1$

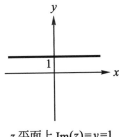

z 平面上 $\text{Im}(z) = y = 1$

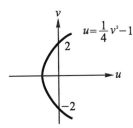

w 平面上之圖形

● 例題 16-10

試求當 $f(z) = \dfrac{1}{z}$，且 $\mathrm{Re}(z) = \mathrm{Im}(z)$ 時，$f(z)$ 在 w 平面上之圖形。

解 令 $z = x + iy$ 為複數平面上之任一複數

則 $w = f(z) = \dfrac{1}{z} = \dfrac{1}{x+iy} = \dfrac{x-iy}{(x+iy)(x-iy)}$

$\qquad = \dfrac{x-iy}{x^2 - i^2 y^2} = \dfrac{x-iy}{x^2 + y^2} = u + iv$，

則 $u = \dfrac{x}{x^2 + y^2}$，$v = \dfrac{-y}{x^2 + y^2}$

$z = x + iy$，$\mathrm{Re}(z) = x = \mathrm{Im}(z) = y$，代入 u，v 得

$u = \dfrac{x}{x^2 + y^2} = \dfrac{1}{2x}$，$v = \dfrac{-y}{x^2 + y^2} = \dfrac{-1}{2x}$

則 $u = -v$ 或 $u + iv = 0$ 為 w 平面上之圖形

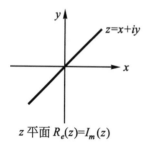

z 平面 $R_e(z) = I_m(z)$

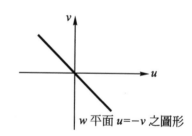

w 平面 $u = -v$ 之圖形

● 例題 **16-11**

試求當 $\text{Im}(z) = \dfrac{\pi}{4}$ 時，$f(z) = e^z$ 在 w 平面上之圖形。

解 令 $z = x + iy$ 爲複數平面上之任一複數

則 $w = f(z) = e^z = e^{x+iy} = e^x \cdot e^{iy}$

$\quad\quad = e^x(\cos y + i\sin y) = e^x\cos y + ie^x\sin y = u + iv$

$\text{Im}(z) = \dfrac{\pi}{4}$，則 $y = \dfrac{\pi}{4}$，代入上式得

$w = e^x \cos\dfrac{\pi}{4} + ie^x \sin\dfrac{\pi}{4} = \dfrac{\sqrt{2}}{2}e^x + i\dfrac{\sqrt{2}}{2}e^x$

得 $u = \dfrac{\sqrt{2}}{2}e^x$，$v = \dfrac{\sqrt{2}}{2}e^x$，即 $u = v$

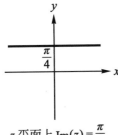

z 平面上 $\text{Im}(z) = \dfrac{\pi}{4}$

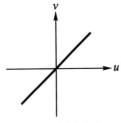

w 平面之圖形

四　指數複變函數與對數複變函數

若複變函數具有 $w = f(z) = e^z$ 之型式，稱為指數複變函數。指數複變函數雖然自變數變成複數 z，不過所有指數函數的定義和運算方法仍然不變，亦即

1. $e^{z_1} \cdot e^{z_2} = e^{z_1 + z_2}$

2. $\dfrac{e^{z_1}}{e^{z_2}} = e^{z_1 - z_2}$

● 例題 **16-12**

若 $z = x + yi$，試證 $e^{z + 2m\pi i} = e^z$。

解　$e^{z + 2m\pi i} = e^{(x + yi) + 2m\pi i} = e^x \cdot e^{(y + 2m\pi)i}$

$\qquad = e^x e^{yi} = e^{x + iy} = e^z$

註　$e^{(y + 2m\pi)i} = \cos(y + 2m\pi) + i\sin(y + 2m\pi)$

$\qquad = \cos y + i\sin y = e^{yi}$

● 例題 **16-13**

若 $z = x + yi$，試證 $|e^z| = |e^x|$。

解　$|e^z| = |e^{x + yi}| = |e^x \cdot e^{yi}| = |e^x| |e^{yi}|$

因 $e^{yi} = \cos y + i\sin y$

則 $|e^{yi}| = \sqrt{\cos^2 y + \sin^2 y} = \sqrt{1} = 1$，

故 $|e^z| = |e^x|$

● 例題 16-14

若 $z_1 = 2 + i$，$z_2 = 1 - 3i$，求

(1) $e^{z_1} \cdot e^{z_2}$　(2) $\dfrac{e^{z_1}}{e^{z_2}}$

解 (1) $e^{z_1} \cdot e^{z_2} = e^{z_1 + z_2} = e^{(2+i)+(1-3i)}$

$$= e^{3-2i} = e^3 \cdot e^{-2i}$$
$$= e^3[\cos(2) - i\sin(2)]$$
$$= e^3(-0.416 - 0.909i)$$
$$= -8.36 - 18.26i$$

(2) $\dfrac{e^{z_1}}{e^{z_2}} = e^{z_1 - z_2} = e^{(2+i)-(1-3i)}$

$$= e^1 e^{4i} = e^1[\cos(4) + i\sin(4)]$$
$$= e^1(-0.654 - 0.757i)$$
$$= -1.78 - 2.06i$$

複變函數的對數表示為 $\ln z$，其定義以及與指數函數的反函數關係仍然存在，亦即

若 $w = \ln z$，則 $e^w = e^{\ln z} = z$

● 例題 16-15

求(1)$\ln 2$　(2)$\ln(-2i)$　(3)$\ln(1 + i)$

解 (1) $2 = 2(\cos 0\pi + i\sin 0\pi) = 2e^{i0\pi}$

$\ln 2 = \ln(2e^{i0\pi}) = \ln 2 + \ln e^{i0\pi}$

因 $e^{i0\pi + 2m\pi} = e^{i0\pi}$，故為無限多值函數

則 $\ln 2 = \ln 2 + \ln e^{i(0\pi + 2m\pi)} = \ln 2 + 2m\pi i$

(2) $-2i = 2(\cos\frac{\pi}{2} - i\sin\frac{\pi}{2}) = 2e^{i(-\frac{\pi}{2})}$

$\ln(-2i) = \ln(2e^{i(-\frac{\pi}{2})}) = \ln 2 + \ln e^{i(-\frac{\pi}{2})}$

因 $e^{-\frac{\pi}{2}+2m\pi} = e^{-\frac{\pi}{2}}$，故爲無限多值函數，

則 $\ln(-2i) = \ln 2 + (-\frac{\pi}{2} + 2m\pi)i$

(3) $z = 1 + i = re^{i\theta}$，則 $r = \sqrt{1^2 + 1^2} = \sqrt{2}$

$\theta = \tan^{-1}\frac{1}{1} = \frac{\pi}{4}$，or $\frac{\pi}{4} + 2m\pi$ 爲無限多值函數，

則 $\ln(1 + i) = \ln(re^{i\theta}) = \ln(\sqrt{2}e^{i(\frac{\pi}{4}+2m\pi)})$

$\qquad = \ln\sqrt{2} + \ln e^{i(\frac{\pi}{4}+2m\pi)}$

$\qquad = \ln\sqrt{2} + (\frac{\pi}{4} + 2m\pi)i$

當複變函數被定義為 $w = f(z) = za$ **時，稱為冪函數，其中** a **為複數常數，依定義**

$z^a = e^{\ln(z^a)} = e^{a\ln z}$

● 例題 16-16

求下列各值

(1)3^i，(2) i^{2i}，(3)$(1 + i)^i$。

解 (1) $3^i = e^{\ln 3^i} = e^{i\ln 3} = \cos(\ln 3) + i\sin(\ln 3)$

(2) $i^{2i} = e^{\ln i^{2i}} = e^{2i\ln i} = e^{2i\ln(e^{i(\frac{\pi}{2})})} = e^{2i(i\frac{\pi}{2})} = e^{-\pi}$

(3) $(1 + i)^i = e^{\ln(1+i)^i} = e^{i\ln(1 + i)} = e^{i\ln(\sqrt{2}e^{\frac{\pi}{4}i})} = e^{i(\ln\sqrt{2}+\ln e^{\frac{\pi}{4}i})}$

$\qquad = e^{i(\ln\sqrt{2}+\frac{\pi}{4}i)} = e^{-\frac{\pi}{4}+\ln\sqrt{2}i} = e^{-\frac{\pi}{4}}e^{\ln\sqrt{2}i} = e^{-\frac{\pi}{4}}(\cos(\ln\sqrt{2}) + i\sin(\ln\sqrt{2}))$

練習題

1.　若多項複變函數 $w = f(z) = \sqrt{2}z^2 + z - 1$，求

(1) $f(1)$，(2) $f(-i)$，(3) $f(1 + i)$，(4) $f(\sqrt{3} - i)$

2.　試以極式及指數型態表示上題中之複數函數。

3.　若多項複變函數 $w = f(z) = z^2 + 3z - 3$，試求 $\mathrm{Re}(z) = 1$ 時 w 之實部與虛部和其在 w 平面上之圖形。

4.　若 $\mathrm{Im}(z) = 1$，求上題中 w 之實部與虛部，並繪出其在 w 平面上之圖形。

5.　若 $z_1 = 1 + i$，$z_2 = -i$，$z_3 = 1 - i$，試求

(1) $e^{z_1} \cdot e^{z_2} \cdot e^{z_3}$，(2) $\dfrac{e^{z_1} \cdot e^{z_2}}{e^{z_3}}$

6.　試求 (1) $\ln(-2)$，(2) $\ln(2 - i)$，(3) $\ln(\sqrt{3} + 2i)$ 之值。

7.　試求 (1) i^{-i}，(2) 5^{-i}，(3) $(1 - i)^{1 + i}$ 之值。

課後作業

1.　試求 16 之所有 4 次方根。

2.　試求 $(3-2i)^{\frac{1}{3}}$ 的所有根。

3.　若多項複變函數 $w = f(z) = z^2 + z + 3$，試求 $\text{Re}(z) = 1$ 時 w 之實部與虛部和其在 w 平面上該複數函數之圖形。

4. 試求當 $\text{Re}(z) = 1$ 時，$f(z) = z^2 + 1$ 在複變函數 w 平面上之圖形。

5. 試求當 $\text{Re}(z) = 0$ 時，$f(z) = e^z$ 在 w 平面上之圖形。

基礎工程數學(第三版)

作者 / 曾彥魁

發行人 / 陳本源

執行編輯 / 鄭祐珊

封面設計 / 楊昭琅

出版者 / 全華圖書股份有限公司

郵政帳號 / 0100836-1 號

印刷者 / 宏懋打字印刷股份有限公司

圖書編號 / 0627602

三版二刷 / 2022 年 04 月

定價 / 新台幣 380 元

ISBN / 978-986-503-339-2 (平裝)

全華圖書 / www.chwa.com.tw

全華網路書店 Open Tech / www.opentech.com.tw

若您對書籍內容、排版印刷有任何問題,歡迎來信指導 book@chwa.com.tw

臺北總公司(北區營業處)
地址:23671 新北市土城區忠義路 21 號
電話:(02) 2262-5666
傳真:(02) 6637-3695、6637-3696

中區營業處
地址:40256 臺中市南區樹義一巷 26 號
電話:(04) 2261-8485
傳真:(04) 3600-9806

南區營業處
地址:80769 高雄市三民區應安街 12 號
電話:(07) 381-1377
傳真:(07) 862-5562

版權所有 · 翻印必究

23671 新北市土城區忠義路21號
全華圖書股份有限公司

行銷企劃部 收

廣告回信
板橋郵局登記證
板橋廣字第540號

歡迎加入 全華會員

● 會員獨享
會員享購書折扣、紅利積點、生日禮金、不定期優惠活動…等。

● 如何加入會員
填妥讀者回函卡直接傳真(02) 2262-0900 或寄回,將由專人協助登入會員資料,待收到E-MAIL 通知後即可成為會員。

如何購買 全華書籍

1. 網路購書
全華網路書店「http://www.opentech.com.tw」,加入會員購書更便利,並享有紅利積點回饋等各式優惠。

2. 全華門市、全省書局
歡迎至全華門市(新北市土城區忠義路21號)或全省各大書局、連鎖書店選購。

3. 來電訂購
(1) 訂購專線:(02) 2262-5666 轉 321-324
(2) 傳真專線:(02) 6637-3696
(3) 郵局劃撥(帳號:0100836-1 戶名:全華圖書股份有限公司)
※ 購書未滿一千元者,酌收運費70元。

OpenTech 全華網路書店 .com.tw

全華網路書店 www.opentech.com.tw
E-mail: service@chwa.com.tw

※ 本會員制如有變更則以最新修訂制度為準,造成不便請見諒。

讀者回函卡

填寫日期： ／ ／

姓名：　　　　　　　生日：西元　　　年　　　月　　　日　性別：□男 □女

電話：（ 　）　　　　傳真：（ 　）　　　　手機：

e-mail：　　　　　　　　（必填）

通訊處：□□□□□

學歷：□博士 □碩士 □大學 □專科 □高中・職

職業：□工程師 □教師 □學生 □軍 □公 □其他

學校／公司：　　　　　　　　科系／部門：

・需求書類：

□A. 電子 □B. 電機 □C. 計算機工程 □D. 資訊 □E. 機械 □F. 汽車 □I. 工管 □J. 土木

□K. 化工 □L. 設計 □M. 商管 □N. 日文 □O. 美容 □P. 休閒 □Q. 餐飲 □B. 其他

・本次購買圖書為：　　　　　　　　　　　　書號：

・您對本書的評價：

封面設計：□非常滿意 □滿意 □尚可 □需改善，請說明
內容表達：□非常滿意 □滿意 □尚可 □需改善，請說明
版面編排：□非常滿意 □滿意 □尚可 □需改善，請說明
印刷品質：□非常滿意 □滿意 □尚可 □需改善，請說明
書籍定價：□非常滿意 □滿意 □尚可 □需改善，請說明
整體評價：請說明

・您在何處購買本書？

□書局 □網路書店 □書展 □團購 □其他

・您購買本書的原因？（可複選）

□個人需要 □屬公司採購 □親友推薦 □老師指定之課本 □其他

・您希望全華以何種方式提供出版訊息及特惠活動？

□電子報 □DM □廣告　（媒體名稱）

・您是否上過全華網路書店？（www.opentech.com.tw）

□是 □否　您的建議

・您希望全華出版那方面書籍？

・您希望全華加強那些服務？

~感謝您提供寶貴意見，全華將秉持服務的熱忱，出版更多好書，以饗讀者。

全華網路書店 http://www.opentech.com.tw　客服信箱 service@chwa.com.tw

2011.03 修訂

註：數字零，請用 Φ 表示，數字 1 與英文 L 請另註明並書寫端正，謝謝。

親愛的讀者：

感謝您對全華圖書的支持與愛護，雖然我們很慎重的處理每一本書，但恐仍有疏漏之處，若您發現本書有任何錯誤，請填寫於勘誤表內寄回，我們將於再版時修正，您的批評與指教是我們進步的原動力，謝謝！

全華圖書　敬上

勘 誤 表

書　號			
頁　數	行　數	書　名	作　者
		錯誤或不當之詞句	建議修改之詞句

我有話要說：（其它之批評與建議，如封面、編排、內容、印刷品質等・・・）